亚马逊 AWS 云基础与实战

王毅 编著

清华大学出版社

北　京

内 容 简 介

本书详细介绍了亚马逊 AWS 云服务特性、适用场景及操作方法等，通过列举大量详细案例，旨在让读者全面了解如何利用亚马逊云计算平台完成客户的业务需求和 IT 需求；如何在数分钟内建立属于自己的虚拟数据中心；如何便捷地利用数台到数千台服务器和服务完成传统机房无法想象完成的任务。

图书在版编目(CIP)数据

亚马逊AWS云基础与实战 / 王毅　编著. —北京：清华大学出版社，2017（2023.1重印）
ISBN 978-7-302-47964-2

Ⅰ. ①亚…　Ⅱ. ①王…　Ⅲ. ①云计算　Ⅳ.①TP393.027

中国版本图书馆CIP数据核字(2017)第196094号

责任编辑：王　军　李维杰
封面设计：周晓亮
版式设计：思创景点
责任校对：牛艳敏
责任印制：宋　林

出版发行：清华大学出版社
　　　　　网　　　址：http://www.tup.com.cn，http://www.wqbook.com
　　　　　地　　　址：北京清华大学学研大厦 A 座　　　　邮　　编：100084
　　　　　社 总 机：010-83470000　　　　　　　　　邮　　购：010-62786544
　　　　　投稿与读者服务：010-62776969，c-service@tup.tsinghua.edu.cn
　　　　　质 量 反 馈：010-62772015，zhiliang@tup.tsinghua.edu.cn
印 装 者：北京同文印刷有限责任公司
经　　销：全国新华书店
开　　本：185mm×230mm　　　　印　　张：15.75　　　字　　数：313 千字
版　　次：2017 年 8 月第 1 版　　　印　　次：2023 年 1 月第 7 次印刷
定　　价：49.80 元

产品编号：075233-01

推荐序一

"云已经成为信息技术的新常态。"

——安迪·杰西

　　云计算如今已尽人皆知、无人不晓，成为继个人电脑和互联网之后最重要的信息技术革命。目前对于云计算有着各种不同的定义和描述。简而言之，云计算采用按需使用、按使用付费的方式，通过网络提供各类计算资源。云计算的终极理想是像水电等公共事业一样，将计算资源通过网络高效、灵活、方便地提供给广大用户。

　　回顾云计算过去十年迅猛发展的历史，我们看到大约相隔5年的三个关键时间点——2006年、2010年和2015年。

　　在2006年前后，我正忙于推动以基于面向服务的架构(SOA)来构建新一代企业级应用软件。同年夏天，美国IT业有人正式提出了云计算的概念，而亚马逊已经将云计算的商业模式付诸实践，经过一年多的努力，正式推出了首家商业云服务——亚马逊云服务 Amazon Web

Service(AWS)。2006 年 3 月 14 日,亚马逊云服务率先推出了简单存储服务 Simple Storage Service(S3),而同年秋天亚马逊云服务推出了弹性计算云服务 Elastic Computing Cloud(EC2)。

自 2008 年云计算的概念开始进入中国。到了 2010 年,云计算在全球已经取得令人注目的成功。国际上各个 IT 公司纷纷将自己的产品服务贴上云的标签,高高举起了云计算的大旗。在中国,各种名目的云计算大会相继召开,一些云基地、云计算中心开始相继建成,大家开始谈论如何搭上云的快车,通过创新推动经济的发展。当然,由于众说纷"云",不少人觉得云遮雾罩,不得要领;而亚马逊云服务异军突起,连续发布了一系列关键的计算、存储、网络、数据库、分析等核心云服务,并被创新型企业广泛采用,逐渐成为业内公认的、领先的云服务供应商。

到了 2015 年,正当国内一些人以为云计算的概念已经红到了头,转而寻找下一个值得炒作的 IT 概念时,人们却惊奇地注意到云计算已经成为 IT 的新常态,这个颠覆性的新技术和新服务模式的有机结合已显示出强大的生命力,开始深刻改变 IT 世界。许多企业明确了云优先的战略,企业从直接云构建云部署应用,直到全部上云(All in on Cloud)。2015 年,云计算在中国的应用逐步落地,各类 IT 企业全力发力,领先的企业开始踏上云的征程。

云计算是信息技术的重大创新,其成功有着必然性,因为它整合了 IT 各个方面最先进和最合理的元素。技术上,云计算广泛采纳了互联网时代 IT 技术最新发展的许多成果,如虚拟化、软件定义一切、面向服务的架构、分布式计算和存储、网格和并行计算、海量数据管理、容错技术等。实践上,云计算既广泛地吸取、采纳了软件系统和架构的最佳技术,得力于硬件设备高性能、低成本的设计和制造,又从互联网大规模、大数据、多用户、低成本的数据中心运营维护中吸取了大量经验。业务上,云计算从开源技术、应用的松耦合、无状态到混搭(Mashup)汲取营养,从托管的服务进一步发展成按需服务、按使用付费的商业模式。

云计算带来的好处是多方面的,影响也是广泛和深远的。人们普遍认识到云计算可以有效整合计算资源,避免无法精确预先规划、计算容量的困境,实现弹性的、可扩展的、高可用的服务,通过资源共享和规模效益有效降低计算资源的成本。云计算帮助 IT 获得敏捷性,打造创新基因,重获创新能力,将 IT 固定资产投资转为可变运营成本支出,节省 IT 的总体拥有成本,将 IT 人员从烦琐的无差异化的劳动中解脱出来,专注于快速提供创新型产品和服务,更好地满足客户的需求。亚马逊云计算除了具备上述优点外,更加充分地发挥了云的可靠性、高可扩展性和高可用性,通过快速迭代和持续创新,使 AWS 云服务具有深度和广度,有效灵活地降低 IT 成本,为客户提供优质的服务。

云计算一经推出,就得到软件开发人员和系统运维人员的青睐。云计算意味着没有先期软硬件购置投入,不需要购买或租赁机房设施,也不需要雇用众多的专业技术人员。因此,云计算很快成为创业公司的宠儿，它们直接在云上开发、部署、运营，很快就取得了骄人的成绩。云计算帮助创业人员以很低的成本使用最新的 IT 技术，让新型的移动互联网企业能快速尝试新的商业模式，搭建可扩展、高可用的社交互联应用。许多创新型企业，依靠数人的 IT 团队，支撑起上亿美金的互联网收入。

云计算在企业级应用方面也取得了长足的进步，大中型企业纷纷开始拥抱云计算。云计算成为以创新促发展、实现"互联网+"改造、完成企业数字化转型的利器。越来越多的企业开始踏上云的征程，在云上实现从测试开发、网站和移动 APP、存储、备份和归档、灾难恢复、大数据分析、高性能计算到企业资源管理、关键业务应用、数据中心向云迁移，直到全部上云。传统企业借助云计算，重新焕发出青春活力。

如今云计算已经渗透到我们日常生活的方方面面，并开始广泛深入地影响和改善人们的生活。当你下载移动 APP、查看地图、上传社交照片、收听网络音乐、观看在线视频、购买电商产品、进行各类网上交易、玩网上游戏时，你可能已经在使用各种各样的云服务。下一阶段可以预期，云计算将与大数据、物联网、社交网络媒体、人工智能和虚拟现实等新兴信息技术交融互动，继续为信息产业带来深刻变革，塑造技术和商业的未来世界。

本书作者中有一些是富有经验的解决方案架构师，有一些是培训部门的资深讲师。他们此前已有 IT 行业多年的从业经验，来到 AWS 后通过系统培训，自学应用和上云实践，掌握了 AWS 有关的知识技能，并在面向客户的架构设计和教学实践中积累了丰富的经验，成为国内最早系统、深入掌握 AWS 的技术专家，也是 AWS 的忠实粉丝。

本书阐述了 AWS 云服务的概念，介绍了云服务的知识和应用。作为国内专门介绍亚马逊云计算服务的图书，本书既可以作为教学和自学 AWS 的简明教材，也可作为云计算从业人员的参考资料。本书适合云计算管理和业务人员、云计算研发人员、云计算架构师和咨询师、云计算开发和运营维护人员，以及云计算应用设计人员学习和参考。结合亚马逊网站上提供的技术资料，本书的读者将能够对亚马逊云服务架构体系有一个比较全面和深入的了解。

如今云计算已不再只是热点概念，而已成为信息技术的重大创新和颠覆性技术。云的时代已经来临，云计算却仍方兴未艾。开卷有益，希望此书助您畅游云的世界。

张侠 亚马逊 AWS 首席云企业顾问

推荐序二

　　曾几何时，初创公司搭建一台服务公众的服务器是如此困难。首先需要花钱买一台服务器，然后找托管机房，签完各种合同，交完押金和钱，将庞大的机器搬到机房里的某个机柜，插好各种线，然后才可以接入互联网开始服务。此后有了服务器租赁业务，但依然比较麻烦，办完各种手续之后，大概需要两三天，机器才能准备好。在如今云服务提供的便利之下，5分钟就可以开一台服务器，随时随地，用完即关。

　　如果将传统服务器比作每天早上下山挑水喝，那么云服务就像是自来水入户，打开水龙头，水就流了出来，不用的时候，可以随时关上水龙头。既充分利用了资源，也没有造成资源的浪费，把成本降到了最低。将计算能力分割成块，然后当成自来水一样出售给大众，这无疑是大势所趋。未来，任何一名普通学生想起一个复杂的算法，都可以经过简单的几步操作，在家中开启几百台服务器进行计算，最后在验证完算法的正确性之后关闭它们。云服务会真正像自来水一样走进千家万户。

　　在众多云服务之中，亚马逊 AWS 是其中的翘楚。其服务的稳定性、易用性，以及 API

的多样丰富，使其占据业界统治地位，遥遥领先于其他竞争对手。一方面，互联网电商亚马逊借助 AWS 完成了技术转型，成为华尔街最看好的科技公司之一；另一方面，AWS 也帮助千万家互联网初创企业成功创业，可以借助低成本云服务迅速开展业务，把握住转瞬即逝的商机。在 AWS 服务推出很多年之后，亚马逊依然推陈出新，不断完善其业务线，不断主动降低价格，可谓诚意十足，业界良心。

木瓜移动从创业之初的 2008 年就在使用亚马逊 AWS 云服务。2014 年 AWS 入华之时，更是很荣幸成为第一批用上中国 AWS 服务的公司之一。在长时间的合作中，AWS 不断地给公司提供良好的服务和帮助，这也是公司成长和壮大的助力之一。

本书介绍了你一定用得到的几项最重要的 AWS 服务。不管你是想要技术型创业，还是想要研究后端技术；不管你想要做机器学习，还是想做大数据研究。本书都可以成为你良好的起点。作为资深技术人员，本书也是一本很好的日常使用的参考书。

钱文杰　木瓜移动联合创始人及 CTO

序

2007 年一次偶然的机会，我接触到了云计算，一下子就被其简捷、方便、强大的特性所吸引，开始疯狂地查找相关资料。当时，有关云计算的著作，国内几乎没有，辗转找到一些国外的书籍，我便如饥似渴地阅读起来。随着我对云计算了解的深入，我越发感觉它的前景远大。果然不出所料，短短几年，云计算已经成为整个行业的大势所趋，甚至可以说，每个人的生活都与之有密不可分的联系。

虽然近年来，国内市场上有关云计算的专业书籍层出不穷，但具体指导用户使用云计算的书籍却凤毛麟角。本书通过分享大量的案例和方法，旨在抛砖引玉，让更多的人在使用的过程中领略亚马逊云计算的独特魅力。

本书对亚马逊 AWS 做了初步介绍，并分门别类地列举了亚马逊 AWS 提供的服务及具体操作方法，适用于云计算开发、使用和运维人员，能对读者起到一定的指导作用。

从动念写这本书，到真正完工，历时两年，期间遇到不少困难，再加上亚马逊 AWS 的功能在不断地推陈出新，也就不得不随之不断修改，好在有同事、朋友和家人的支持和鼓励，我最终还是交出了一份答卷。由于水平有限，不足之处，在所难免。

借此机会，感谢亚马逊 AWS 全球副总裁、中国执行董事容永康先生对本书的大力支持。同时，感谢亚马逊 AWS 中国架构师团队负责人张荣典、孙素梅、曹玮祺和培训团队资深讲师包光磊、张波、黄涛审阅本书以及提出的宝贵意见。同时，感谢亚马逊 AWS 中国资深架构师陈林涛、郑进佳的大力协助。感谢前亚马逊 AWS 市场部郭多娇女士、何菁女士在写作和出版过程中提供的大力协助。

王毅 前亚马逊 AWS 解决方案架构师、区域主管

目　　录

第1章　AWS 概览

1.1　云计算是什么

"云计算"的定义：是指通过互联网以按使用量定价方式付费的 IT 资源和应用程序的按需交付。

无论是在运行拥有数百万移动用户的照片共享应用程序，还是要为业务的关键运营提供支持，"云"都可以快速访问灵活且成本低廉的 IT 资源。借助云计算，无须前期斥巨资投入硬件，再花大量时间维护和管理这些硬件，而是可以精准配置所需的适当类型和规模的计算资源，为新点子提供助力，或者帮助运作 IT 部门；借助云计算，可以访问所需的无限多的资源，速度最快，且只需要为使用量付费。

云计算以一种简单的方式通过互联网访问服务器、存储、数据库和各种应用程序服务。像 Amazon Web Services 这样的云计算提供商，拥有和维护此类应用程序服务所需的联网硬件，而客户只需要通过 Web 应用程序就可以配置和使用需要的资源。

1.2　AWS 是什么

Amazon Web Services(AWS)提供一组广泛的全球计算、存储、数据库、分析、应用程序和部署服务，可帮助组织更快地迁移、降低 IT 成本和扩展应用程序。

1.3　AWS 有什么好处

1.3.1　按需分配，按用量付费

如果建立本地基础设施或数据中心，耗时长、成本高，而且涉及订购、付款、安装和配置昂贵的硬件，所有这些工作都需要在实际使用硬件之前提前很久完成。利用 AWS 云计算，不需要花时间做这些事情；只需要按实际的资源使用量付费。没有前期投资，用低廉的月成本替代了前期基础设施投资。因此，与其不明就里地投资重金构建数据中心和服务器，不如使用云服务，这样只需在使用计算资源时付费，按使用量付费。

1.3.2　弹性容量

预测客户计划如何使用新应用程序很难，而要正确执行更非易事。如果在部署应用程序前确定了容量，则一般可以避免出现昂贵的闲置资源，或者不必为有限的容量而发愁。可是如果容量用尽，则在获取更多资源前会出现糟糕的用户体验。利用云计算，这些问题都不会出现。客户可以访问任意规模的资源，可多可少，并根据需要扩展或收缩，一切只要几分钟就能完成。利用 AWS 云计算，可以预配置所需的资源量；可以根据需求轻松扩展资源量。如果不需要资源量，关掉它们并停止付费就好。可以消除客户对基础设施容量需求的猜想。

1.3.3　增加速度和灵活性

利用传统的基础设施，需要花数周时间才能采购、交付并运行服务器。这么长的时间扼杀了创新。利用 AWS 云计算，可以根据你的需要预配置资源量。可以在几分钟内部署数百台，

甚至数千台服务器，不用跟任何人讨论。这种自助服务环境的变化速度与开发和部署应用程序一样快，可让团队更快、更频繁地进行试验。

在云计算环境中，新的 IT 资源只要点点鼠标就能配置到位，将为开发人员调配资源耗费的时间从数周缩短到几分钟。这让组织的灵活性大大增加，因为用于试验和开发的成本和时间明显降低了。

1.3.4　全球性覆盖

无论是大型跨国公司还是小型新兴企业，都有可能在世界各地拥有潜在客户。利用传统基础设施很难为分布广泛的用户基地提供最佳性能，且大多数公司一次只能关注一个地理区域的成本和时间节省。利用 AWS 云计算，情况会大有不同，可以在全世界 10 个 AWS 区域或其中任意区域轻松部署你的应用程序。也就是说，可以用最少的成本帮助你的客户获得较低的延迟和更好的体验。

1.4　AWS 的安全措施

AWS 提供了安全的全球基础设施及大量可用于保护云中数据安全的功能，其突出特点如下：

- 严密控制、监视和审核对 AWS 数据中心的物理访问。
- 严密控制、监视和审核对 AWS 网络的访问。
- 可以通过 AWS Identity and Access Management(IAM)管理用户用以访问 AWS 账户的安全证书。可以创建对 AWS 资源的精细权限并将其应用于用户或用户组。
- 可以对数据应用 ACL 类型权限，也可以使用静态数据加密。
- 可以设置 Virtual Private Cloud(VPC)，它是一种在逻辑上与 AWS 云中其他虚拟网络隔离的虚拟网络。你可以控制网络是否能直接路由到 Internet。
- 可以控制并配置虚拟服务器上的操作系统。
- 可以设置用作防火墙的安全组，用来控制虚拟服务器的入站和出站流量。
- 可以在启动虚拟服务器时指定密钥对，用以对登录信息进行加密。当登录虚拟服务器时，必须提供密钥对的私有密钥以解密登录信息。

更加详细的安全信息请参阅官方网站。

1.5 服务概览

1.5.1 全球基础架构

AWS 全球基础架构如图 1-1 所示。

区域和可用区数量

美国东部
弗吉尼亚北部(6 个)
俄亥俄(3 个)

美国西部
加利福尼亚北部(3 个)
俄勒冈(3 个)

亚太地区
孟买(2 个)
首尔(2 个)
新加坡(2 个)
悉尼(3 个)
东京(4 个)
大阪当地(1 个)

加拿大
中部(2 个)

中国
北京(2 个)
宁夏(2 个)

欧洲
法兰克福(3 个)
爱尔兰(3 个)
伦敦(3 个)
巴黎(3 个)

南美洲
圣保罗(3 个)

AWS GovCloud(美国-西部)(3 个)

新区域(即将推出)

巴林

中国香港

特别行政区

瑞典

AWS GovCloud

(美国东部)

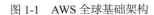

图 1-1　AWS 全球基础架构

地区和可用区域

亚马逊在世界不同地区有数据中心(例如北美、欧洲和亚洲)。AWS 产品相应地用于不同的区域。通过将资源放置在不同区域,可以将网站或应用程序设计得更接近特定客户,或满足法律或其他要求。请注意,AWS 使用费的定价因区域而异。

每个区域包含许多不同的称为“可用区”的位置。每个可用区都被设计成不受其他可用区故障的影响,并提供低价、低延迟的网络连接,以连接到同一区域的其他可用区。通过将资源放置在不同的可用区,可以保护网站或应用程序不受单一位置故障的影响。

AWS 资源可以与区域或可用区相关联,并不是每个区域或可用区都支持每种 AWS 资源。当用户查看资源时,只会看到与自己指定的区域相关联的资源。这是因为区域间彼此隔离,而且 AWS 不会自动跨区域复制资源。

1.5.2 服务概览

AWS 平台如图 1-2 所示。

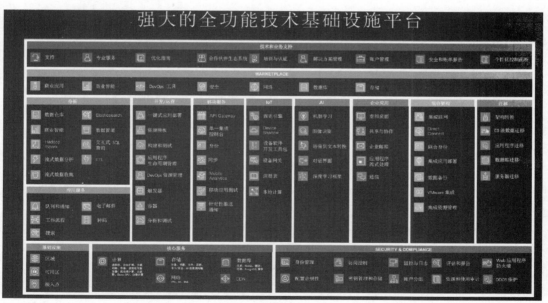

图 1-2 AWS 平台

1.6 怎样开始使用 AWS

使用 AWS 的步骤非常简单。

1. 注册：免费创建 AWS 账户

AWS 新用户可以获得 AWS 免费套餐长达 12 个月的使用权。AWS 免费套餐旨在帮助用户获得 AWS 的实际操作经验，用户在注册后可免费享用一年。

输入账单地址和信用卡信息(验证身份是否有效的必需信息，除非超出了免费使用套餐时限，否则不会计费)。

2. 启动：设置虚拟机并存储媒体和文件

启动虚拟机，部署 Web 应用程序，使用 AWS 存储文件或共享数字媒体。借助云解决方案，用户在几分钟内即可实现正常操作。

1.7 如何与 AWS 服务交互

AWS 提供了多种方式来创建和管理资源。

1.7.1 AWS 管理控制台

AWS 管理控制台是用于管理 AWS 的 Web 应用程序。该控制台提供直观的用户界面，可执行许多 AWS 任务，如使用 Amazon S3 存储桶、启动并连接到 Amazon EC2 实例、设置 Amazon CloudWatch 警报等。每项服务都有自己的控制台，用户可以从 AWS 管理控制台对它们进行访问。该控制台还提供有关用户的账户和账单的信息。

1.7.2 AWS Command Line Interface(AWS CLI)

AWS CLI 是用于管理 AWS 服务的统一工具。只通过一个工具进行下载和配置，就可以使用命令行控制多个 AWS 服务并利用脚本自动执行这些服务。

1.7.3　AWS 软件开发工具包(SDK)

SDK 是指特定于编程语言或平台的 API。

目前，我们支持以下语言的 SDK 开发工具包：

- Android
- iOS
- Java
- .NET
- Node.js
- PHP
- Python
- Ruby
- Go

1.7.4　API 接口

云平台的一个重要特征就是可以使用 HTTP 来请求访问的原子级 API。

为缩短应用程序中的数据延迟，大多数 AWS 都提供区域终端节点来接受用户的请求。终端节点是作为 Web 服务入口点的 URL。例如，https://dynamodb.us-west-2.amazonaws.com 是 Amazon DynamoDB 服务的入口点。

某些服务(如 IAM)不支持区域，因此其终端节点不包括区域。某些服务(如 Amazon EC2) 允许用户指定不包括特定区域的终端节点，例如 https://ec2.amazonaws.com。在这种情况下，AWS 会默认将终端节点路由到 us-east-1。

如果服务支持区域，则每个区域中的资源都是独立的。例如，如果在一个区域中创建 Amazon EC2 实例或 Amazon SQS 队列，则该实例或队列独立于另一个区域中的实例或队列。

第 2 章　计算服务介绍

2.1　什么是 EC2 弹性计算

　　Amazon Elastic Compute Cloud(Amazon EC2)在 AWS 云中提供可扩展的计算资源, 通俗地说, 就是 AWS 中的虚拟服务器。使用 Amazon EC2 可避免前期的硬件投入, 用户因此可以快速开发和部署应用程序, 并根据自身需要启动任意数量的虚拟服务器、配置安全和网络, 以及管理存储。Amazon EC2 允许用户根据需要进行缩放以应对需求变化或流行高峰, 降低流量预测需求。

2.2　EC2 有哪些特点

- 虚拟计算环境, 也称为实例。

- 实例的预配置模板，也称为亚马逊系统映像(AMI)，其中包含用户服务器需要的程序包(包括操作系统和其他软件)。
- 实例 CPU、内存、存储和网络容量的多种配置，也称为实例类型。
- 使用"密钥对"实例的安全登录信息(AWS 存储公有密钥，用户在安全位置存储私有密钥)。
- 临时数据(停止或终止实例时会删除这些数据)的存储卷，也称为实例存储卷。
- 使用 Amazon Elastic Block Store(Amazon EBS)的数据的持久性存储卷，也称为 Amazon EBS 卷(本书后面章节会详细阐述)。
- 可以分布在多个物理位置，例如实例和 Amazon EBS 卷，也称为区域(Region)和可用区(Availability Zone)。
- 防火墙，让用户可以指定协议、端口，以及能够使用安全组到达用户实例的源 IP 范围。
- 用于动态云计算的静态 IP 地址，也称为弹性 IP 地址。
- 元数据(Meta Data)，也称为标签，用户可以创建元数据并分配给 Amazon EC2 资源。
- 用户可以创建虚拟网络，这些网络与其他 AWS 云在逻辑上隔离，并且可以选择连接到自己的网络，也称为 VPC。

2.3 如何上手创建 EC2 实例

下面针对如何创建一台 EC2 实例进行详细描述。

2.3.1 选择亚马逊系统映像(AMI)

AMI 分为以下几种类型：

1) 亚马逊提供的标准 AMI：这类 AMI 基本都是标准的操作系统，如 Linux、Ubuntu、CentOS 等。

2) 用户自定义的 AMI：每个用户都可以制作自己的 AMI。

3) Market Place：这类 AMI 由第三方制作，但是都通过亚马逊认证，可以放心使用，很多商用的 AMI 会按小时收取授权费用。

4) Community AMI：这里面的 AMI 都是由用户自己制作并分享出来的，亚马逊并不保证其可用性。

2.3.2　实例类型

实例类型简单来说就是虚拟服务器的配置。Amazon EC2 提供多种经过优化且适用于不同使用案例的实例类型以供选择。实例类型由 CPU、内存、存储和网络容量组成不同的组合，可让用户灵活地为自己的应用程序选择适当的资源组合。每种实例类型都包括一种或多种实例大小，从而使用户能够将自己的资源扩展到符合目标工作负载的要求。

EC2 的实例类型分为几个系列，如表 2-1 所示。

表 2-1　EC2 实例类型

系列	特点	功能	使用案例
通用 T2	T2 实例是突发性能实例，为 CPU 性能提供基本水平的同时具有短期发挥更高性能的能力。基本性能和突发能力受到 CPU 积分的制约。每个 T2 实例会以固定的频率持续接收 CPU 积分，具体频率取决于实例大小。T2 实例会在其空闲时累计 CPU 积分，然后在活跃时使用 CPU 积分。T2 实例非常适合不会经常(或始终)用尽 CPU 性能但会偶尔突然使用的工作负载，例如 Web 服务器、开发人员环境及小型数据库等。如需更多信息，请参见"突发性能实例"页面	高频 Intel Xeon 处理器，基本速度为 2.5GHz，可睿频至 3.3GHz 可突然提速的 CPU，受到 CPU 积分的限制，持续基本性能 成本最低的通用实例类型，免费套餐适用(仅限 t2.micro) 计算、内存和网络资源的平衡	开发环境、搭建服务器、代码存储库、低流量 Web 应用程序、早期产品试验、小型数据库
M5	最新一代的通用实例。此系列提供了平衡的计算、内存和网络资源，是很多应用程序的上好选择	2.5GHz Intel Xeon® Platinum 8175 处理器，并配有全新的 Intel Advanced Vector Extension (AXV-512) 指令集 新的更大的实例规模，m5.24xlarge，提供 96 个 vCPU 和 384GiB 内存，默认为 EBS 优化型，无额外收费，支持增强型联网计算、内存和网络资源的平衡	用于小型和中型数据库、需要附加内存的数据处理任务及缓存集群，也用于运行 SAP、Microsoft SharePoint 和其他企业级应用程序的后端服务器
计算优化 C5	C5 实例针对计算密集型工作负载进行了优化，并按计算比率以较低的价格提供非常经济高效的高性能	3.0GHz Intel Xeon Platinum 处理器，并配有全新的 Intel Advanced Vector Extension 512(AVX-512)指令集 默认为 EBS 优化型，无额外收费 对于 c4.8xlarge 实例类型，可以控制处理器 C-state 和 P-state 配置 支持增强型联网和集群功能	高性能前端集群、Web 服务器、按需批量处理、分布式分析、高性能科学和工程应用、广告服务、批量处理、MMO 游戏、视频编码和分布式分析

(续表)

系列	特点	功能	使用案例
X1e	X1e 实例针对高性能数据库、内存中数据库和其他内存密集型企业应用程序进行了优化。X1e 实例提供所有 Amazon EC2 实例类型中最低的每 GiB RAM 价格	高频 Intel Xeon E7-8880 v3(H‐ell)处理器 最低的每 GiB RAM 价格 高达 3904GiB 的基于 DRAM 的实例内存	高性能数据库、内存中数据库(例如，SAP HANA)和内存密集型应用程序 x1e.32xlarge 实例已经过 SAP 认证，可在 AWS 云中运行下一代 Business Suite S/4HANA、Business Suite on HANA(SoH)、Business Warehouse on HANA(BW)以及 Data Mart Solutions on HANA
P3	最新一代的通用 GPU 实例	多达 8 个 NVIDIA Tesla V100 GPU，各配有 5120 个 CUDA 核心和 640 个 Tensor 核心 高频 Intel Xeon E5-2686 v4(Broadwell)处理器 支持通过 NVLink 进行对等 GPU 通信	机器/深度学习、高性能计算、计算流体动力学、计算金融学、地震分析、语音识别、无人驾驶汽车、药物发现。
H1	配备最高 16TB 的基于 HDD 的本地存储，可提供高磁盘吞吐量以及计算和内存的平衡	由 2.3GHz Intel® Xeon® E5 2686 v4 处理器(codenamed Broadwell)提供支持 最高 16TB 的 HDD 存储	基于 MapReduce 的工作负载、分布式文件系统(例如 HDFS 和 MapR-FS)、网络文件系统、日志或数据处理应用程序(例如 Apache Kafka)以及大数据工作负载集群

所有实例类型的详情如表 2-2 所示(截至 2017 年 4 月 1 日)。

表 2-2　实型号

实例类型	vCPU	内存 (GiB)	存储 (GB)	联网性能	物理处理器	时钟速度 (GHz)	Intel AVX	Intel AVX2	Intel Turbo	EBS OPT	增强型联网
t2.nano	1	0.5	仅限 EBS	低	Intel Xeon 系列	最多 3.3 个	是	-	是	-	-
t2.micro	1	1	仅限 EBS	低到中等	Intel Xeon 系列	最多 3.3 个	是	-	是	-	-
t2.small	1	2	仅限 EBS	低到中等	Intel Xeon 系列	最多 3.3 个	是	-	是	-	-
t2.medium	2	4	仅限 EBS	低到中等	Intel Xeon 系列	最多 3.3 个	是	-	是	-	-

(续表)

实例类型	vCPU	内存 (GiB)	存储 (GB)	联网 性能	物理处理器	时钟速度 (GHz)	Intel AVX	Intel AVX2	Intel Turbo	EBS OPT	增强型 联网
t2.large	2	8	仅限 EBS	低到中等	Intel Xeon 系列	最多 3.0 个	是	-	是	-	-
t2.xlarge	4	16	仅限 EBS	适中	Intel Xeon 系列	最多 3.0 个	是	-	是	-	-
t2.2xlarge	8	32	仅限 EBS	适中	Intel Xeon 系列	最多 3.0 个	是	-	是	-	-
m5.large	2	8	仅限 EBS	高	Intel Xeon Platinum	2.5	是	是	是	是	是
m5.xlarge	4	16	仅限 EBS	高	Intel Xeon Platinum	2.5	是	是	是	是	是
m5.2xlarge	8	32	仅限 EBS	高	Intel Xeon Platinum	2.5	是	是	是	是	是
m5.4xlarge	16	64	仅限 EBS	高	Intel Xeon Platinum	2.5	是	是	是	是	是
m5.12xlarge	48	192	仅限 EBS	10Gb	Intel Xeon Platinum	2.5	是	是	是	是	是
m5.24xlarge	96	384	仅限 EBS	25Gb	Intel Xeon Platinum	2.5	是	是	是	是	是
m4.large	2	8	仅限 EBS	适中	Intel Xeon E5-2676 v3*	2.4	是	是	是	是	是
m4.xlarge	4	16	仅限 EBS	高	Intel Xeon E5-2676 v3*	2.4	是	是	是	是	是
m4.2xlarge	8	32	仅限 EBS	高	Intel Xeon E5-2676 v3*	2.4	是	是	是	是	是
m4.4xlarge	16	64	仅限 EBS	高	Intel Xeon E5-2676 v3*	2.4	是	是	是	是	是
m4.10xlarge	40	160	仅限 EBS	10Gb	Intel Xeon E5-2676 v3	2.4	是	是	是	是	是
m4.16xlarge	64	256	仅限 EBS	25Gb	Intel Xeon E5-2686 v4	2.3	是	是	是	是	是
c5.large	2	4	仅限 EBS	最高 10Gbps	Intel Xeon Platinum	3	是	是	是	是	是
c5.xlarge	4	8	仅限 EBS	最高 10Gbps	Intel Xeon Platinum	3	是	是	是	是	是
c5.2xlarge	8	16	仅限 EBS	最高 10Gbps	Intel Xeon Platinum	3	是	是	是	是	是
c5.4xlarge	16	32	仅限 EBS	最高 10 Gpbs	Intel Xeon Platinum	3	是	是	是	是	是
c5.9xlarge	36	72	仅限 EBS	10Gb	Intel Xeon Platinum	3	是	是	是	是	是
c5.18xlarge	72	144	仅限 EBS	25Gb	Intel Xeon Platinum	3	是	是	是	是	是
c4.large	2	3.75	仅限 EBS	适中	Intel Xeon E5-2666 v3	2.9	是	是	是	是	是
c4.xlarge	4	7.5	仅限 EBS	高	Intel Xeon E5-2666 v3	2.9	是	是	是	是	是
c4.2xlarge	8	15	仅限 EBS	高	Intel Xeon E5-2666 v3	2.9	是	是	是	是	是
c4.4xlarge	16	30	仅限 EBS	高	Intel Xeon E5-2666 v3	2.9	是	是	是	是	是
c4.8xlarge	36	60	仅限 EBS	10Gb	Intel Xeon E5-2666 v3	2.9	是	是	是	是	是
x1.16xlarge	64	976	1 个 1920 SSD	10Gb	Intel Xeon E7-8880 v3	2.3	是	是	是	是	是
x1.32xlarge	128	1952	2 个 1920 SSD	25Gb	Intel Xeon E7-8880 v3	2.3	是	是	是	是	是
x1e.xlarge	4	122	1 个 120 SSD	高达 10Gb	Intel Xeon E7-8880 v3	2.3	是	是	否	是	是
x1e.2xlarge	8	244	1 个 240 SSD	高达 10Gb	Intel Xeon E7-8880 v3	2.3	是	是	否	是	是
x1e.4xlarge	16	488	1 个 480 SSD	高达 10Gb	Intel Xeon E7-8880 v3	2.3	是	是	否	是	是
x1e.8xlarge	32	976	1 个 960 SSD	高达 10Gb	Intel Xeon E7-8880 v3	2.3	是	是	是	是	是
x1e.16xlarge	64	1952	1 个 1920 SSD	10Gb	Intel Xeon E7-8880 v3	2.3	是	是	是	是	是
x1e.32xlarge	128	3904	2 个 1920 SSD	25Gb	Intel Xeon E7-8880 v3	2.3	是	是	是	是	是
r4.large	2	15.25	-	高达 10Gb	Intel Xeon E5-2686 v4	2.3	是	是	是	是	是
r4.xlarge	4	30.5	-	高达 10Gb	Intel Xeon E5-2686 v4	2.3	是	是	是	是	是

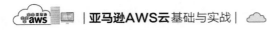

（续表）

实例类型	vCPU	内存 (GiB)	存储 (GB)	联网 性能	物理处理器	时钟速度 (GHz)	Intel AVX	Intel AVX2	Intel Turbo	EBS OPT	增强型 联网
r4.2xlarge	8	61	-	高达 10Gb	Intel Xeon E5-2686 v4	2.3	是	是	是	是	是
r4.4xlarge	16	122	-	高达 10Gb	Intel Xeon E5-2686 v4	2.3	是	是	是	是	是
r4.8xlarge	32	244	-	10Gb	Intel Xeon E5-2686 v4	2.3	是	是	是	是	是
r4.16xlarge	64	488	-	25Gb	Intel Xeon E5-2686 v4	2.3	是	是	是	是	是
p3.2xlarge	8	61	仅限 EBS	高达 10Gb	Intel Xeon E5-2686 v4	2.3 (base) 2.7 (turbo)	是	是	是	是	是
p3.8xlarge	32	244	仅限 EBS	10Gb	Intel Xeon E5-2686 v4	2.3 (base) 2.7 (turbo)	是	是	是	是	是
p3.16xlarge	64	488	仅限 EBS	25Gb	Intel Xeon E5-2686 v4	2.3 (base) 2.7 (turbo)	是	是	是	是	是
p2.xlarge	4	61	仅限 EBS	高	Intel Xeon E5-2686 v4	2.3 (base) 2.7 (turbo)	是	是	是	是	是
p2.8xlarge	32	488	仅限 EBS	10Gb	Intel Xeon E5-2686 v4	2.3 (base) 2.7 (turbo)	是	是	是	是	是
p2.16xlarge	64	732	仅限 EBS	25Gb	Intel Xeon E5-2686 v4	2.3 (base) 2.7 (turbo)	是	是	是	是	是
g3.4xlarge	16	122	仅限 EBS	高达 10Gb	Intel Xeon E5-2686 v4	2.3 (base) 2.7 (turbo)	是	是	是	是	是
g3.8xlarge	32	244	仅限 EBS	10Gb	Intel Xeon E5-2686 v4	2.3 (base) 2.7 (turbo)	是	是	是	是	是
g3.16xlarge	64	488	仅限 EBS	25Gb	Intel Xeon E5-2686 v4	2.3 (base) 2.7 (turbo)	是	是	是	是	是
f1.2xlarge	8	122	480 SSD	高达 10Gb	Intel Xeon E5-2686 v4	2.3 (base) 2.7 (turbo)	是	是	是	是	是
f1.16xlarge	64	976	4 x 960	25Gb	Intel Xeon E5-2686 v4	2.3 (base) 2.7 (turbo)	是	是	是	是	是
h1.2xlarge	8	32	1 个 2000GB HDD	高达 10Gb	Intel Xeon E5 2686 v4	2.3	是	是	是	是	是
h1.4xlarge	16	64	2 个 2000GB HDD	高达 10Gb	Intel Xeon E5 2686 v4	2.3	是	是	是	是	是
h1.8xlarge	32	128	4 个 2000GB HDD	10Gb	Intel Xeon E5 2686 v4	2.3	是	是	是	是	是
h1.16xlarge	64	256	8 个 2000GB HDD	25Gb	Intel Xeon E5 2686 v4	2.3	是	是	是	是	是
i3.large	2	15.25	1 个 475 NVMe SSD	高达 10Gb	Intel Xeon E5 2686 v4	2.3	是	是	是	是	是
i3.xlarge	4	30.5	1 个 950 NVMe SSD	高达 10Gb	Intel Xeon E5 2686 v4	2.3	是	是	是	是	是
i3.2xlarge	8	61	1 个 1900 NVMe SSD	高达 10Gb	Intel Xeon E5 2686 v4	2.3	是	是	是	是	是
i3.4xlarge	16	122	2 个 1900 NVMe SSD	高达 10Gb	Intel Xeon E5 2686 v4	2.3	是	是	是	是	是
i3.8xlarge	32	244	4 个 1900 NVMe SSD	10Gb	Intel Xeon E5 2686 v4	2.3	是	是	是	是	是
i3.16xlarge	64	488	8 个 1900 NVMe SSD	25Gb	Intel Xeon E5 2686 v4	2.3	是	是	是	是	是

（续表）

实例类型	vCPU	内存 (GiB)	存储 (GB)	联网 性能	物理处理器	时钟速度 (GHz)	Intel AVX	Intel AVX2	Intel Turbo	EBS OPT	增强型 联网
i3.metal	72*	512	8 个 1.9 NVMe SSD	25Gb	Intel Xeon E5 2686 v4	2.3	是	是	是	是	是
d2.xlarge	4	30.5	3×2000	适中	Intel Xeon E5-2676 v3	2.4	是	是	是	是	是
d2.2xlarge	8	61	6×2000	高	Intel Xeon E5-2676 v3	2.4	是	是	是	是	是
d2.4xlarge	16	122	12×2000	高	Intel Xeon E5-2676 v3	2.4	是	是	是	是	是
d2.8xlarge	36	244	24×2000	10Gb	Intel Xeon E5-2676 v3	2.4	是	是	是	是	是

2.3.3　安全组

安全组起着虚拟防火墙的作用，可控制一个或多个实例的访问规则。用户启动实例时，将一个或多个安全组与该实例相关联，并为每个安全组添加规则(规定流入或流出其关联实例的规则)。安全组的规则可以随时修改，新规则会自动应用于与该安全组相关联的所有实例。在决定是否允许流量到达实例时，系统会验证与实例相关联的所有安全组中的所有规则。

2.4　存储选项

2.4.1　EBS

EBS 可以被看成虚拟服务器上的硬盘。Amazon EBS 提供数据块级存储卷以用于 Amazon EC2 实例。Amazon EBS 卷是高度可用和可靠的存储卷，可以连接到同一可用区域中任何正在运行的实例，连接到 Amazon EC2 实例的 Amazon EBS 卷是作为独立于实例生命周期而存在的存储卷而公开的。

以下三种情况特别适合使用 Amazon EBS：

(1) 数据频繁变化并且需要持久保存。

(2) 作为文件系统和数据库的主存储，或任何需要细粒度更新并访问原始、未格式化的数据块级存储内容的应用程序。

(3) 经常在数据集范围内进行大量随机读写操作的数据库式应用程序。

2.4.2　实例存储

实例存储提供了临时性数据块级存储以用于实例。实例存储的大小范围从 150GiB 到

48TiB 不等。实例存储的大小由机型(Instance Type)决定，无法进行人工修改。实例存储包含一个或多个实例存储卷，在启动时必须使用块储存设备映射来进行配置，在使用这些实例存储卷之前将它们安装在运行的实例上。默认情况下，从 Amazon EBS 支持的实例启动的实例是不安装实例存储卷的。实例存储支持 AMI 启动的实例安装了针对虚拟机根设备卷的实例存储卷，还可以拥有其他已安装的实例存储卷，具体取决于实例类型。

2.5 实例的用户数据和元数据

实例元数据是有关用户实例的数据，可以用来配置或管理正在运行的实例，如表 2-3 所示。

表 2-3　实例元数据

数据	说明	引入的版本
ami-id	用于启动实例的 AMI ID	1.0
ami-launch-index	如果用户同时启动了多个实例，此值表示实例启动的顺序。第一个启动的实例的值是 0	1.0
ami-manifest-path	指向 Amazon S3 中的 AMI 清单文件的路径。如果用户使用 Amazon EBS 支持的 AMI 来启动实例，则返回的结果为 unknown	1.0
ancestor-ami-ids	为创建此 AMI 而重新绑定的任何实例的 AMI ID。仅当 AMI 清单文件包含一个 ancestor-amis 密钥时，此值才存在	2007-10-10
block-device-mapping/ami	包含根/启动文件系统的虚拟设备	2007-12-15
block-device-mapping/ebs 否	与 Amazon EBS 卷相关联的虚拟设备(如果存在的话)。如果 Amazon EBS 卷在启动时存在或者在上一次启动该实例时存在，那么这些卷仅在元数据中可用。N 表示 Amazon EBS 卷的索引(例如 ebs1 或 ebs2)	2007-12-15
block-device-mapping/ephemeral 否	与短暂设备相关联的虚拟设备(如果存在的话)。N 表示临时卷的索引	2007-12-15
block-device-mapping/root	与根设备相关联的虚拟设备或分区，或虚拟设备上的分区(在根(/或 C:)文件系统与给定实例相关联的情况下)	2007-12-15
block-device-mapping/swap	与 swap 相关联的虚拟设备，并不总是存在	2007-12-15
hostname	实例的私有 IPv4 DNS 主机名。在存在多个网络接口的情况下，指的是 eth0 设备(设备号为 0 的设备)	1.0

(续表)

数据	说明	引入的版本
iam/info	如果存在与实例关联的 IAM 角色，则包含有关实例配置文件上次更新时间的信息(包括实例的 LastUpdated 日期、InstanceProfileArn 和 InstanceProfileId)。如果没有，则不显示	2012-01-12
iam/security-credentials/*role-name*	如果存在与实例关联的 IAM 角色，则 *role-name* 为角色的名称，并且 *role-name* 包含与角色关联的临时安全凭证(更多有关信息，请参阅 通过实例元数据检索安全证书)。如果没有，则不显示	2012-01-12
instance-action	通知实例在准备打包时重新启动。有效值：none | shutdown | bundle-pending	2008-09-01
instance-id	此实例的 ID	1.0
instance-type	实例的类型。更多有关信息，请参阅 实例类型	2007-08-29
kernel-id	此实例启动的内核的 ID，如果适用的话	2008-02-01
local-hostname	实例的私有 IPv4 DNS 主机名。在存在多个网络接口的情况下，指的是 eth0 设备(设备号为 0 的设备)	2007-01-19
local-ipv4	实例的私有 IPv4 地址。在存在多个网络接口的情况下，指的是 eth0 设备(设备号为 0 的设备)	1.0
mac	实例的媒体访问控制(MAC)地址。在存在多个网络接口的情况下，指的是 eth0 设备(设备号为 0 的设备)	2011-01-01
network/interfaces/macs/*mac*/device-number	与该接口相关联的唯一设备号。设备号与设备名称对应；例如，device-number 为 2 对应于 eth2 设备。此类别对应的是 Amazon EC2 API 和 AWS CLI 的 EC2 命令所使用的 DeviceIndex 和 device-index 字段	2011-01-01
network/interfaces/macs/*mac*/ipv4-associations/*public-ip*	与每个 public-ip 地址相关联并被分配给该接口的私有 IPv4 地址	2011-01-01
network/interfaces/macs/*mac*/ipv6s	与接口相关联的 IPv6 地址。仅对启动至 VPC 的实例返回	2016-06-30
network/interfaces/macs/*mac*/local-hostname	实例的本地主机名称	2011-01-01
network/interfaces/macs/*mac*/local-ipv4s	与接口相关联的私有 IPv4 地址	2011-01-01
network/interfaces/macs/*mac*/	该实例的 MAC 地址	2011-01-01
mac etwork/interfaces/macs/*mac*/owner-id	网络接口拥有者的 ID。在多个接口的环境中，接口可由第三方连接，如 Elastic Load Balancing。接口拥有者需要为接口上的流量付费	2011-01-01

(续表)

数据	说明	引入的版本
network/interfaces/macs/*mac*/public-hostname	接口的公有 DNS(IPv4)。如果实例在 VPC 中，则仅当 enableDnsHostnames 属性设置为 true 时返回此类别。有关更多信息，请参阅在 VPC 中使用 DNS	2011-01-01
network/interfaces/macs/*mac*/public-ipv4s	与接口相关联的弹性 IP 地址，一个实例上可能有多个 IPv4 地址	2011-01-01
network/interfaces/macs/*mac*/security-groups	网络接口所属的安全组。仅对启动至 VPC 的实例返回	2011-01-01
network/interfaces/macs/*mac*/security-group-ids	网络接口所属的安全组的 ID。仅对启动至 VPC 的实例返回。有关 EC2-VPC 平台中安全组的更多信息，请参阅VPC 的安全组	2011-01-01
network/interfaces/macs/*mac*/subnet-id	接口所驻留的子网的 ID。仅对启动至 VPC 的实例返回	2011-01-01
network/interfaces/macs/*mac*/subnet-ipv4-cidr-block	接口所在子网的 IPv4 CIDR 块。仅对启动至 VPC 的实例返回	2011-01-01
network/interfaces/macs/*mac*/subnet-ipv6-cidr-blocks	接口所在子网的 IPv6 CIDR 块。仅对启动至 VPC 的实例返回	2016-06-30
network/interfaces/macs/*mac*/vpc-id	接口所驻留的 VPC 的 ID。仅对启动至 VPC 的实例返回。	2011-01-01
network/interfaces/macs/*mac*/vpc-ipv4-cidr-block	接口所在 VPC 的 IPv4 CIDR 块。仅对启动至 VPC 的实例返回	2011-01-01
network/interfaces/macs/*mac*/vpc-ipv4-cidr-blocks	接口所在 VPC 的 IPv4 CIDR 块。仅对启动至 VPC 的实例返回	2016-06-30
network/interfaces/macs/*mac*/vpc-ipv6-cidr-blocks	接口所在 VPC 的 IPv6 CIDR 块。仅对启动至 VPC 的实例返回	2016-06-30
placement/availability-zone	实例启动的可用区	2008-02-01
product-codes	与实例相关联的产品代码(如果有的话)	2007-03-01
public-hostname	实例的公有 DNS。如果实例在 VPC 中，则仅当 enableDnsHostnames 属性设置为 true 时返回此类别。有关更多信息，请参阅在 VPC 中使用 DNS	2007-01-19
public-ipv4	公有 IPv4 地址。如果弹性 IP 地址与实例相关联，返回的值是弹性 IP 地址	2007-01-19
public-keys/0/openssh-key	公用密钥。仅在实例启动时提供了公用密钥的情况下可用	1.0
ramdisk-id	启动时指定的 RAM 磁盘的 ID，如果适用的话	2007-10-10

(续表)

数据	说明	引入的版本
reservation-id	预留的 ID	1.0
security-groups	应用到实例的安全组的名称。 启动之后,只能更改正在 VPC 中运行的实例的安全组。 这些更改将体现在此处和 network/interfaces/macs/ *mac*/security-groups 中	1.0
services/domain	用于区域的 AWS 资源的域;例如用于 us-east-1 的 amazonaws.com	2014-02-25
services/partition	资源所处的分区。对于标准 AWS 区域,分区是 aws。 如果资源位于其他分区,则分区是 aws-*partitionname*。 例如,位于中国(北京)区域的资源的分区为 aws-cn	2015-10-20
spot/termination-time	竞价型实例操作系统将收到关闭信号的大致时间 (UTC)。仅当竞价型实例已由 Amazon EC2 标记为终止 时,此项目才会出现并包含时间值(例如, 2015-01-05T18:02:00Z)。如果用户自己终止了竞价型实 例,那么终止时间项目不会设置时间	

2.6 密钥对

Amazon EC2 使用公有密钥密码术加密和解密登录信息。公有密钥密码术使用公有密钥加密某个数据(如密码等),收件人可以使用私有密钥解密数据。一对公有密钥、私有密钥被称为密钥对。

登录虚拟机时,必须创建一个密钥对,并在启动实例时指定密钥对的名称,然后使用私有密钥连接实例。Linux/Unix 实例没有密码,用户可以使用密钥对和 SSH 登录实例。就 Windows 虚拟机而言,用户可以使用密钥对获得管理员密码,然后使用 RDP 登录实例。

2.7 实例的状态

如图 2-1 所示,EC2 实例在不同操作下的不同状态很好地诠释了 EC2 的整个生命周期。

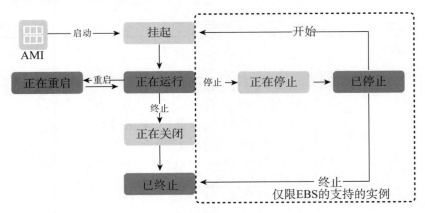

图 2-1　实例运行全景图

2.7.1　实例启动

启动实例，则进入挂起状态，启动时指定的实例类型将决定实例的主机硬件，同时还需要指定的亚马逊系统映像来启动实例。当实例准备就绪后，则进入运行状态，可以连接到正在运行的实例，然后像使用传统的服务器一样来使用它。只要实例开始启动，实例保持运行的每个小时或不足一小时都会计费。

2.7.2　停止和启动实例

如果实例未能通过状态检查或未按预期运行应用程序，并且实例的根卷为 Amazon EBS 卷，则可以先停止该实例，然后再启动，以尝试解决问题。当实例停止时，它会进入停止状态。已停止的实例不会被收取费用，但所有 Amazon EBS 卷的存储依然需要支付费用。当实例处于停止状态时，可以修改实例的某些属性，包括实例类型。当再次启动实例时，它会进入挂起状态，此时该实例会被移动到新的物理主机。因此，先前主机的实例存储卷上的所有数据将会丢失。

2.7.3　实例重启

使用 Amazon EC2 控制台、Amazon EC2 CLI 和 Amazon EC2 API 重新启动实例。实践的最佳重启方式是使用 Amazon EC2 重启实例，而非在实例中运行操作系统重启命令。重启实例等同于重启操作系统；位于同一主机上的实例会保留其公有 DNS 名称、私有 IP 地址，以及实例存储卷上的所有数据。完成重启通常需要花几分钟的时间,该时间具体取决于实例配置。

2.7.4　实例终止

当不再需要实例时,可以终止该实例。实例的状态一旦变为正在关闭或终止,就不再产生与该实例相关的费用。请注意,如果启用了终止保护,则无法使用控制台、CLI 或 API 终止实例。在终止实例之后,短时间内仍可在控制台中看见该实例,然后该条目将被删除。还可以使用 CLI 和 API 描述已终止的实例。一旦终止,将无法连接至或恢复已终止的实例。

表 2-4 总结了重启、停止与终止实例之间的主要区别。

表 2-4　实例各状态的区别

性能	重启	停止/启动	终止
主机	实例保持在同一主机上运行	实例在新主机上运行	无
私有和公有 IP 地址	这些地址保持不变	EC2-VPC:实例保留其私有 IP 地址。实例获取新的公有 IP 地址,除非它具有弹性 IP 地址(EIP),该地址在停止/启动过程中不更改	无
弹性 IP 地址(IPv4)	弹性 IP 仍然与实例相关联	EC2-Classic:弹性 IP 不再与实例相关联 EC2-VPC:弹性 IP 仍然与实例相关联	弹性 IP 不再与实例相关联
IPv6 地址(仅限 EC2-VPC)	地址保持不变	实例保留其 IPv6 地址	无
实例存储卷	数据保留	数据将擦除	数据将被擦除
性能	重启	停止/启动	终止
根设备卷	卷将保留	卷将保留	默认情况下将删除卷
计费功能	实例计费小时不更改	实例的状态一旦变为正在停止,就不再产生与该实例相关的费用。每次实例从停止转换为挂起时,我们都会启动新的实例计费小时	实例的状态一旦变为正在关闭,就不再产生与该实例相关的费用

2.8 弹性负载均衡器(Elastic Load Balancer)

2.8.1 什么是弹性负载均衡器

弹性负载均衡器就是在 AWS 中实现负载均衡的一个服务,可用来在多个 Amazon EC2 实例间自动分配传入的 Web 流量。同时,ELB 具备健康检查功能,可以检测与之连接的 EC2 的健康状况,决定是否将请求发给这台 EC2。

2.8.2 ELB 能实现哪些功能

1. 高可用性

可以在单个或多个可用区的多个 Amazon EC2 实例间均衡传入流量。弹性负载均衡器会自动扩展请求处理容量以响应应用程序传入流量。

2. 运行状况检查

弹性负载均衡器可以检测 Amazon EC2 实例是否正常运行。一旦检测到运行不良的 Amazon EC2 实例,就不会再将流量路由到这些实例,而是将负载分布到其他运行良好的 Amazon EC2 实例。

3. 安全性功能

使用 Virtual Private Cloud(VPC)时,可以创建和管理与弹性负载均衡器相关联的安全组,以拥有更多联网和安全选项。可以创建一个没有共有 IP 地址的负载均衡器作为内部(不面向互联网)的负载均衡器。

4. SSL 卸载

弹性负载均衡器支持负载均衡器上的 SSL 终端,包括从应用程序实例卸载 SSL 解密、集中管理 SSL 证书,以及通过可选公共密钥身份验证加密后端实例。灵活的加密支持允许控制负载均衡器向客户端提供的加密方式和协议。

5. 黏性会话

弹性负载均衡器支持将用户会话停留在使用 Cookie 的特定 EC2 实例上。流量将路由到同一实例，同时用户继续访问应用程序。

6. IPv6 支持

弹性负载均衡器支持使用 IPv4 和 IPv6。目前，IPv6 支持在 VPC 中尚不可用。

7. 第 4 层或第 7 层负载均衡

可以均衡 HTTP/HTTPS 应用程序的负载并使用第 7 层特有的功能，如 X-Forwarded 和黏性会话，还可以对仅依赖 TCP 协议的应用程序使用严格的第 4 层负载均衡。

8. 运行监控

弹性负载均衡器的运行状态性能指标(如请求计数和请求延迟)由 Amazon CloudWatch 报告。

9. 日志记录

使用访问日志功能记录发送至负载均衡器的所有请求，并将日志存储在 Amazon S3 中供以后分析之用。日志可用于诊断应用程序故障和分析 Web 流量。

10. 监控自定义指标

用户可以将自定义指标通过 CLI 的方式上传到 AWS CloudWatch，并设置报警，查看图标和参数等。

2.9　自动伸缩组

2.9.1　什么是自动伸缩组(Auto Scaling Group)

自动伸缩是一项 Web 服务，使用户可以根据自身定义的策略、运行状况检查和计划来自动启动或终止 Amazon EC2 实例。使用自动伸缩，可以确保所使用的 Amazon EC2 实例数量在需求峰值期间实现无缝增长以保持性能，也可以在需求平淡期自动减少，以最大程度降低成本。自动伸缩特别适合每小时、每天或每周使用率都不同的应用程序。

2.9.2　ASG 的使用场景

1. 自动扩展用户的 Amazon EC2 实例组合

自动伸缩组让用户能够密切跟踪应用程序的需求曲线，减少提前预配置 Amazon EC2 容量的需求。例如，用户可以设置一个条件，当 Amazon EC2 实例组合的平均 CPU 使用率超过 70%时，以 3 个实例为增量，向自动伸缩组添加新的 Amazon EC2 实例。同样，也可以设置一个条件，在 CPU 使用率降低至 10%以下时，以同样的增量删除 Amazon EC2 实例。通常，在自动伸缩组添加或删除更多 Amazon EC2 实例之前，用户可能需要更多时间来允许实例组合稳定。用户可为自动伸缩组配置一个冷却时间，告知自动伸缩组在执行操作之后等待一段时间，重新评估条件。自动伸缩组能够以最佳使用率运行 Amazon EC2 实例组合。

2. 将 Amazon EC2 实例组合维持在固定大小

如果用户确定要运行固定数量的 Amazon EC2 实例，自动伸缩组将确保始终具有该数量的正常运行的 Amazon EC2 实例。用户可以创建自动伸缩组，设置一个条件，自动伸缩组在该条件下始终包含该固定数量的实例。自动伸缩组评估用户的自动伸缩组中每个 Amazon EC2 实例的运行状况，并自动更换运行不正常的 Amazon EC2 实例，以保持自动伸缩组的大小固定不变。这样可确保用户的应用程序获得预期的计算容量。

3. 弹性负载均衡器中的自动伸缩组

如果用户希望确保Elastic Load Balancer背后的正常 Amazon EC2 实例数目，比如永远不少于两个，可以使用自动伸缩组来设置这个条件。当自动伸缩检测到满足这个条件后，将自动向该自动伸缩组添加必备数量的 Amazon EC2 实例。或者，如果用户希望确保当任意 Amazon EC2 实例在任意 15 分钟时间内的延迟超过 4 秒时添加新的 Amazon EC2 实例，可以设置该条件，自动伸缩组将对该 Amazon EC2 实例采取相应的操作，即使它们在弹性负载均衡器监管之下运行时亦如此。无论是否使用弹性负载均衡器，自动伸缩组对于扩展 Amazon EC2 实例的作用都同样有效。

2.9.3　如何创建自动伸缩组

1．创建自动伸缩组的启动配置

(1) 创建启动配置(Launch Configuration)与创建虚拟机十分类似。首先，进入 EC2 界面，选择启动配置，并单击"创建启动配置"按钮，如图 2-2 所示。

图 2-2　创建启动配置

(2) 在启动配置创建向导中，选择 AMI 页面以显示一组亚马逊系统映像(AMI)的基本配置，可作为实例的模板。然后，可以选择实例的硬件配置，如图 2-3 所示。

(3) 选择用户需要的实例类型，这里选择的是 t2.micro，如图 2-4 所示。

(4) 在配置详细信息页面上的"名称"字段中，输入用户启动配置的名称(my-first-lc)。将其他字段留空，如图 2-5 所示。

图 2-3　AMI 选择界面

图 2-4　选择实例类型

图 2-5　启动配置名称

(5) 添加存储，这里选择根存储为 8GB，如图 2-6 所示。

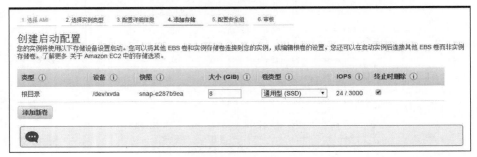

图 2-6　添加存储

(6) 创建安全组，只开启 HTTP 协议，其余端口关闭，如图 2-7 所示。

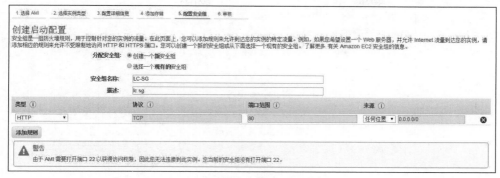

图 2-7　创建安全组

(7) 在"审核"页面上，审核启动配置的详细信息，如无问题，单击"创建启动配置"按钮确认，如图 2-8 所示。

图 2-8　"审核"页面

(8) 指定分配给 EC2 的密钥对以完成启动配置的设置。

2. 创建自动伸缩组

(1) 创建自动伸缩组，名为 my-first-asg，选择 VPC 网络，选择子网，如图 2-9 所示。

图 2-9　创建自动伸缩组

(2) 配置扩展策略，先保持默认机器数量，如图 2-10 所示。

图 2-10　配置扩展策略

(3) 其他选项保持默认，然后单击"审核"选项，启动自动伸缩组，如图 2-11 所示。

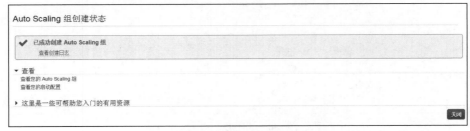

图 2-11　启动自动伸缩组

3. AWS 的三种自动扩展策略

1) 手动扩展：随时手动更改在自动伸缩组中运行的实例数量。

2) 动态扩展：根据应用程序的需求变化进行动态扩展。根据需求进行扩展时，必须指定扩展时间和方式。

3) 计划扩展：按照预定义的计划扩展应用程序。用户可以指定仅使用该计划进行一次扩展，或者提供用于重复使用计划扩展的详细信息。

第 3 章　Amazon RDS

3.1　Amazon RDS 简介

Amazon Relational Database Service (Amazon RDS)让您能够在云中轻松设置、操作和扩展关系数据库。它在自动执行耗时的管理任务(如硬件预置、数据库设置、修补和备份)的同时，可提供经济实用的可调容量。这使您能够腾出时间专注于应用程序，以为它们提供所需的快速性能、高可用性、安全性和兼容性。

Amazon RDS 在多种类型的数据库实例(针对内存、性能或 I/O 进行了优化的实例)上均可用，并提供六种常用的数据库引擎供您选择，包括 Amazon Aurora、PostgreSQL、MySQL、MariaDB、Oracle 和 Microsoft SQL Server。可以使用 AWS Database Migration Service 轻松将现有的数据库迁移或复制到 Amazon RDS。

3.2 使用 RDS 可以带来的好处

使用 RDS，无须担心数据库的安装、运维等工作。同时，RDS 还提供足够的灵活性，使得用户使用更加方便。

1. 预配置参数

Amazon RDS 数据库实例为所选择的数据库实例预配置了合适而实用的参数和设置集。在几分钟之内即可启动 MySQL、Oracle、SQL Server、PostgreSQL 或 Amazon Aurora 数据库实例并连接应用程序，无须其他配置。如果需要更多控制，可通过数据库参数组实现。

2. 监控和指标

Amazon RDS 针对数据库实例的部署提供了 Amazon CloudWatch 指标，无须额外收费。可以使用 AWS 管理控制台来查看数据库实例部署的关键运行指标，包括计算/内存/存储容量使用率、I/O 活动和数据库实例连接数。

3. 自动执行软件修补

Amazon RDS 将确保部署项目中使用的关系数据库软件已安装最新修补程序，保持最新状态。用户可以通过数据库引擎版本管理，控制是否修补数据库实例，以及何时进行修补。

4. 自动备份

Amazon RDS 的自动备份功能默认情况下是打开的，用于实现数据库实例的时间点恢复。Amazon RDS 将备份用户的数据库和事务日志，并且按用户指定的保留期进行存储。这样就能将数据库实例恢复到保留期内任何一秒钟的状态，最多可恢复到前五分钟的状态。自动备份保留期可配置为最长 35 天。

5. 数据库快照

数据库快照是用户触发的数据库实例备份。Amazon RDS 将存储这些完整数据库的备份，直至用户明确删除它们。可以在需要时随时从数据库快照创建新的数据库实例。

6. 数据库事件通知

Amazon RDS 通过电子邮件或 SMS 提供有关数据库实例部署的 Amazon SNS 通知。可以使用 AWS 管理控制台或 Amazon RDS API 订阅与 Amazon RDS 部署相关的多种不同数据库事件。

7. 多可用区域(Multi-AZ)部署

Amazon RDS 多可用区域部署为数据库实例提供了增强的可用性和持久性，使其成为生产型数据库工作负载的理想之选。当配置多可用区域数据库实例时，Amazon RDS 会自动创建主数据库实例并将数据同步复制到其他可用区(AZ)的备用实例中。每个可用区在其独立的、物理上显著不同的基础设施中运行，并已设计为具备高可靠性。万一发生基础设施故障(例如实例崩溃、存储故障或网络中断)，Amazon RDS 可自动执行故障转移至该备用实例，以便能够在故障转移结束后立即恢复数据库操作。由于故障转移后数据库实例的终端节点维持不变，因此应用程序可以无须手动管理干预即可恢复数据库操作。

8. 通用型(SSD)存储

Amazon RDS 通用型存储可交付 3 IOPS/预配置 GB 的一致基准，提供爆发至 3000 IOPS 的能力。SSD 存储可用于 MySQL、SQL Server、Oracle 和 PostgreSQL 数据库引擎。

3.3　创建 Amazon RDS 数据库

Amazon RDS 的基本构建基块是数据库实例，这是运行 MySQL 数据库的环境。

在此例中，创建一个数据库实例，运行名为 west2-mysql-instance1 的 MySQL 数据库引擎，并拥有 db.m1.small 数据库实例类、5GB 的存储空间和保留期为 1 天的自动备份。

创建 MySQL 数据库实例

(1) 登录 AWS Management Console，并通过以下网址打开 Amazon RDS 控制面板：https://console.amazonaws.cn/rds/home?region=cn-north-1#，如图 3-1 所示。

(2) 在 Amazon RDS 控制台的右上栏，选择要创建数据库实例的地区。如果使用中国区账号，默认暂时只有北京区域，如图 3-2 所示。

(3) 在导航窗格中，单击“实例”→“启动数据库实例”按钮，如图 3-3 所示。

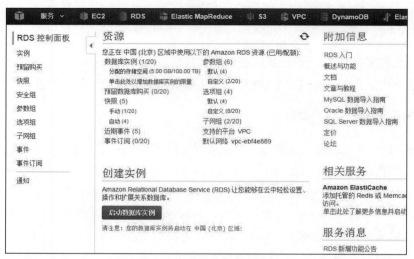

图 3-1　RDS 控制面板

图 3-2　RDS 区域选择

图 3-3　启动数据库实例

(4) 数据库实例启动向导会在"选择引擎"页面上打开，如图 3-4 所示。

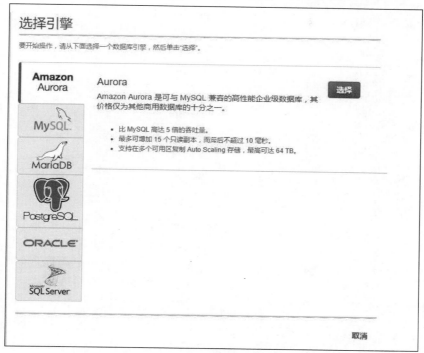

图 3-4　选择数据库引擎

(5) 对"您是否计划将此数据库用于生产目的"进行选择，如图 3-5 所示。

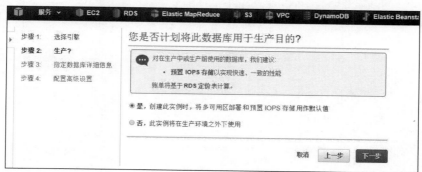

图 3-5　选择是否将此数据库用于生产目的

(6) 在"数据详细信息"页可以选择数据库版本、数据库实例类型、IO、数据库标识符、用户名和密码，如图 3-6 所示。

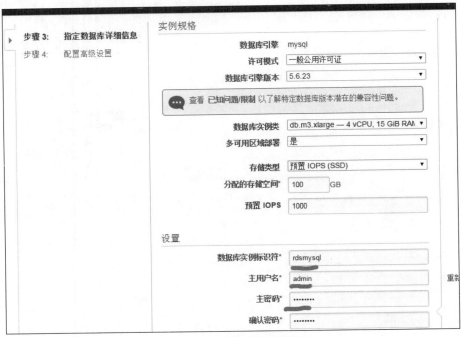

图 3-6　指定数据库详细信息

(7) 在"配置高级设置"页，选择用户需要的 VPC 及安全组，选择维护窗口和备份窗口，如图 3-7 和图 3-8 所示。

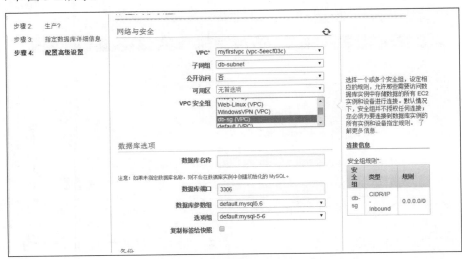

图 3-7　数据库配置高级设置之 VPC

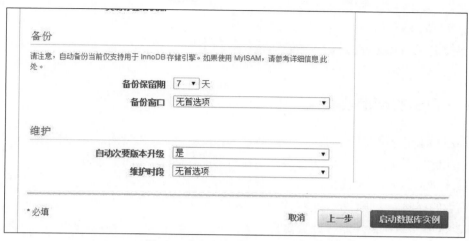

图 3-8　数据库高级设置之窗口选择

(8) 启动数据库实例，如图 3-9 所示。

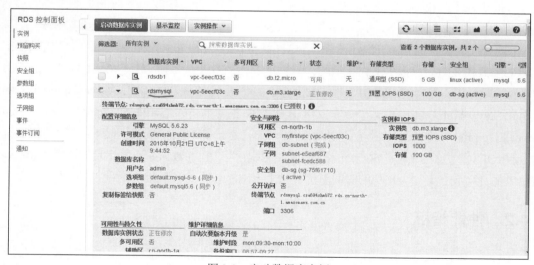

图 3-9　启动数据库实例

(9) 连接 MySQL 数据库实例。

在 Amazon RDS 预配置了数据库实例后，即可使用任何标准 SQL 客户端应用程序与该数据库实例上的数据库进行连接。在此例中，使用 MySQL 监视器命令连接到 MySQL 数据库实例上的数据库。可以用来连接的一个基于 GUI 的应用程序是 MySQL Workbench。

3.4　管理 Amazon RDS 数据库的存储

3.4.1　RDS 的存储类型

Amazon RDS 提供 3 种存储：磁性、SSD 和预配置 IOPS(每秒输入/输出操作数)。它们的性能特点和价格不同，可根据数据库要求定制所需的存储性能和相应费用。

磁性(标准)：磁性存储(也称为标准存储)可以为具有较低或突发式 I/O 要求的应用程序提供经济高效的存储。这些卷平均提供约 100 IOPS，最多能够应付多达数百个突发 IOPS，其大小范围是 5GB～3TB(具体取决于所选的数据库实例引擎)。磁性存储不为单一数据库实例预留，因此存储性能会因置于其他客户的共享资源上的需求不同而差别很大。

SSD：支持 SSD 的通用型存储(也称为 gp2)可提供比基于磁盘的存储更快的访问。此存储类型可提供几毫秒的延迟，能够突增至 3000 IOPS 并维持一段较长的时间，且基本性能为 3 IOPS/GB。SSD 卷的大小介于 5GB 和 3TB 之间。此存储类型非常适合中小型数据库。

预配置 IOPS：预配置 IOPS 存储符合 I/O 密集型工作负载(尤其是数据库工作负载)的需求。此类工作负载对随机存取 I/O 吞吐量的存储性能和一致性十分敏感。对于 MySQL、PostgreSQL 和 Oracle 数据库引擎，预配置 IOPS 卷的大小介于 100GB 和 6TB 之间。SQL Server Express Edition 和 SQL Server Web Edition 的大小介于 100GB 和 4TB 之间，而 SQL Server Standard Edition 和 SQL Server Enterprise Edition 的大小介于 200GB 和 4TB 之间。指定要分配的存储量，然后指定所需的专用 IOPS 量。这两个值构成一个比率，而此值保留为选择的数据库引擎指定的比率。Amazon RDS 在指定年份的超过 99.9%的时间里可提供上下 10%以内的预配置 IOPS 性能。

3.4.2　性能指标

Amazon RDS 提供了可用来确定如何执行数据库实例的多种指标。可通过选择数据库实例并单击显示监控，在 RDS 控制台中查看这些指标。还可使用 Amazon CloudWatch 监控这些指标。若想了解更多信息，请上"查看数据库实例指标"页面来加以了解。

IOPS：每秒完成的 IO 操作次数。该指标以给定时间间隔内 IOPS 平均值的形式进行报告。Amazon RDS 每分钟分别报告一次读取和写入 IOPS 的情况。总 IOPS 是读取和写入 IOPS 的总和。IOPS 的典型值在每秒零至数万之间。

延迟：I/O 请求从提交到完成所用的时间。该指标以给定时间间隔内延迟平均值的形式进行报告。Amazon RDS 每分钟分别报告一次读取和写入延迟的情况，以秒为单位。延迟的典型值为毫秒(ms)；例如，Amazon RDS 会将 2 毫秒报告为 0.002 秒。

吞吐量：每秒传到或传出磁盘的字节数。该指标以给定时间间隔内吞吐量平均值的形式进行报告。Amazon RDS 每分钟分别报告一次读取和写入吞吐量的情况，所用单位为每秒兆字节(MB/s)。吞吐量的典型值在零至 IO 信道最大带宽之间。

队列深度：队列中等待处理的 I/O 请求数量。这些 I/O 请求已由应用程序提交，但尚未发送至设备，因为设备正忙于处理其他 I/O 请求。在队列中等待所用的时间是延迟和处理时间的一部分(不以指标形式提供)。该指标以给定时间间隔内队列深度平均值的形式进行报告。Amazon RDS 每分钟报告一次队列深度。队列深度的典型值在零至数百之间。

3.4.3　SSD 存储

SSD 存储提供了适用于中小型数据库工作负载的经济实用的存储。此存储类型可以提供几毫秒的延迟，能够突增至 3000 IOPS 并维持一段较长的时间，且基本性能为 3 IOPS/GB。SSD 存储卷的大小介于 5GB 和 3TB 之间，具体取决于数据库引擎。请注意，为高吞吐量工作负载配置少于 100GB 的通用型存储，可能会在初始通用型 IO 点数余额用尽时导致高延迟。

通用型存储的性能受卷大小的约束，它指示卷的基本性能水平和积累 I/O 点数的速度。卷越大，基本性能水平越高，积累 I/O 点数的速度越快。I/O 点数代表用户的通用型存储在需要超过基本性能水平时，可用来突增大量 I/O 的可用带宽。拥有的 I/O 点数越多，超过其基本性能水平的突增时间就越长，在需要更高性能时的表现也就越好。

在使用通用型存储时，用户的数据库实例将收到 5 400 000 I/O 点数的初始 I/O 点数余额，这足以将 3000 IOPS 的最高突增性能持续 30 分钟。设计初始点数余额的目的是为启动卷提供快速初始启动循环，并为其他应用程序提供良好的引导过程。用户的存储以每秒每 GB 卷大小 3 IOPS 的基本性能率的速度赚取 I/O 点数。例如，100GB 的通用型存储具有 300 IOPS 的基本性能。

当存储的需求超出了基本性能 I/O 水平时，将使点数余额中的 I/O 点数突增到所需的性能水平，最大为 3000 IOPS。大于 1000GB 的存储的基本性能等于或大于最大突增性能，因此其 I/O 点数余额永远不会耗尽，并且可以无限突增。如果存储在一秒内使用的 I/O 点数少于它所赚取的点数，未使用的 I/O 点数会加到 I/O 点数余额中。使用通用型存储的数据库实例的最大 I/O 点数余额等于初始点数余额(5 400 000 I/O 点数)。

如果存储使用了其所有 I/O 点数余额，则其最大性能将保持在基本性能水平(即存储赚取点数的速度)，直到 I/O 需求降低至基本水平以下并且未使用的点数添加到 I/O 点数余额中。

存储越大，基本性能就越高，补充点数余额的速度也越快。

表 3-1 列出了几种存储大小及存储的相关基本性能(也就是它积累 I/O 点数的速度)、在最大 3000 IOPS 时的突增持续时间(从完整点数余额开始时)以及存储重新填满空点数余额所需的秒数。

表 3-1   SSD 存储类型

存储大小(GB)	基本性能(IOPS)	最大突增持续时间 3000 IOPS(秒数)	填满空点数余额的秒数
1	100	1862	54000
100	300	2000	18000
250	750	2400	7200
500	1500	3600	3600
750	2250	7200	2400
1000	3000	无限	不适用

存储的突增持续时间取决于存储的大小、所需的突增 IOPS，以及突增开始时的点数余额。此关系显示在以下方程式中：

$$\text{Burst Duration} = \frac{(\text{Credit Balance})}{(\text{Burst IOPS}) \times 3 \times (\text{Storage Size in GB})}$$

如果用户发现自身的存储性能因空 I/O 点数余额而通常被限定于基本水平，则应考虑分配相比基本性能水平更高的更多通用型存储。或者，也可以为需要持续 IOPS 性能高于 3000 IOPS 的工作负载切换到预配置 IOPS 存储。

对于需要稳定状态 I/O 的工作负载，配置低于 100GB 的通用型存储可能会在 I/O 突增点数余额用尽时导致更长的延迟。

3.4.4 预配置 IOPS 存储

对于任何需要快速且一致的 I/O 性能的生产应用程序，推荐预配置 IOPS(每秒输入/输出操作数)存储。预配置 IOPS 存储是一种存储类型，可提供快速、可预测且一致的吞吐量性能。在创建数据库实例时，用户可以指定 IOPS 速率和分配存储空间。Amazon RDS 会给数据库实例的生命周期预配置 IOPS 速率和存储，直到用户进行更改。预配置 IOPS 存储针对性能要求一致的 I/O 密集型、联机事务处理(OLTP)工作负载进行优化。

为数据库实例分配的存储无法减少，可以不断增加。

用户可以使用 AWS Management Console、Amazon RDS API 或命令行界面(CLI)创建使用预配置 IOPS 存储的数据库实例。用户可以指定所需的存储 IOPS 速率和存储量。预置的 MySQL、MariaDB、PostgreSQL 或 Oracle 数据库实例的 IOPS 最大可达 30000，为其分配的存储空间最大可达 6TB。用户可以为 Oracle 数据库实例预配置多达 30000 IOPS 和 6TB 已分配的存储空间。

用户实际达到的 IOPS 数量可能会与指定的值有所不同，具体情况取决于数据库的工作负载、数据库实例大小和提供给数据库引擎的页面大小及信道带宽。

重要的是应考虑所请求的 IOPS 速率和分配的存储空间的比率。对于 MySQL、MariaDB、PostgreSQL、SQL Server(不包括 SQL Server Express)和 Oracle 数据库实例，数据库实例的 IOPS 与存储空间(以 GB 计)之比应在 3∶1 到 10∶1 之间。对于 SQL Server 数据库实例，该比率应该是 10∶1。例如，开始时可以预配置具有 1000 IOPS 和 200GB 存储大小的 Oracle 数据库实例(比率为 5∶1)。然后，将存储空间扩展到 2000 IOPS、200GB 存储空间(比率为 10∶1)及 3000 IOPS、300GB 存储空间，最大可达 30000 IOPS、6TB(3000GB)存储空间的 Oracle 数据库实例。

表 3-2 所示为每个数据库引擎的 IOPS 和存储范围。

表 3-2　数据库引擎的 IOPS

数据库引擎	预配置 IOPS 的范围	存储的范围	IOPS 与存储(GB)比率的范围
MySQL	1000~30000 IOPS	100GB~6TB	3∶1~10∶1
MariaDB	1000~30000 IOPS	100GB~6TB	3∶1~10∶1
PostgreSQL	1000~30000 IOPS	100GB~6TB	3∶1~10∶1
Oracle	1000~30000 IOPS	100GB~6TB	3∶1~10∶1
SQL Server Express 和 Web 版	1000~20000 IOPS	100GB~4TB	3∶1~10∶1
SQL Server Standard 和 Enterprise 版	2000~10000 IOPS	200GB~4TB	3∶1~10∶1

用户可以修改现有的 Oracle、MariaDB 或 MySQL 数据库实例以使用预配置 IOPS 存储，也可以修改预配置 IOPS 存储的设置。

3.4.5 数据库实例类

如果用户使用的是预配置 IOPS 存储，如表 3-3 所示，则建议使用 M4、M3、R3 和 M2 数据库实例类。这些实例类针对预配置 IOPS 存储进行了优化；而其他实例类未经优化。用户还能有效使用高内存集群实例类(适用于高性能应用程序的 db.r3.8xlarge 和 db.cr1.8xlarge)，但未针对预配置 IOPS 优化这两个类。

表 3-3　预配置 IOPS 存储

针对预配置 IOPS 进行优化的数据库实例类	专用 EBS 吞吐量(Mbps)	最大 16k IOPS 速率	最大带宽 (MB/s)
db.m1.large	500 Mbps	4000	62.5
db.m1.xlarge	1000 Mbps	8000	125
db.m2.2xlarge	500 Mbps	4000	62.5
db.m2.4xlarge	1000 Mbps	8000	125
db.m3.xlarge	500 Mbps	4000	62.5
db.m3.2xlarge	1000 Mbps	8000	125
db.r3.xlarge	500 Mbps	4000	62.5
db.r3.2xlarge	1000 Mbps	8000	125
db.r3.4xlarge	2000 Mbps	16000	250
db.r3.8xlarge	*	*	*
db.m4.large	450 Mbps	3600	56.25
db.m4.xlarge	750 Mbps	6000	93.75
db.m4.2xlarge	1000 Mbps	8000	125
db.m4.4xlarge	2000 Mbps	16000	250
db.m4.10xlarge	4000 Mbps	32000	500

EBS 优化连接是全双工连接，可以在同时使用两条通信通道的 50/50 读/写工作负载中驱动更多吞吐量和 IOPS。在某些情况下，网络和文件系统的开销可能会降低可用的最大吞吐量和 IOPS。

3.5　Amazon RDS 数据库的备份与恢复

3.5.1　自动备份

Amazon RDS 可以自动备份所有数据库实例。用户可以在创建数据库实例时设置备份保留期。如果未设置备份保留期，则 Amazon RDS 使用为期一天的默认保留期。用户可以修改备份保留期；有效值为 0(未进行备份保留)到 35 天。

如果数据库实例尚未启用自动备份，则可以随时启用。同时，可以利用在禁用自动备份时使用的相同请求来启用自动备份，此时需将备份保留期设置为非零值。启用自动备份后，会立即创建备份。

删除数据库实例时，会删除所有的自动备份，且无法恢复。手动快照不会删除。

用户可以将数据库实例的备份保留期参数设置为非零值(在下面的示例中为 3)，启用该实例的自动备份。

1. 立即启用自动备份

(1) 登录 AWS 控制台并通过以下网址打开 Amazon RDS 控制面板：https://console.aws.amazon.com/rds/。

(2) 在导航窗格中，单击"数据库实例"选项，然后选中要修改的数据库实例旁边的复选框。

(3) 单击"修改"按钮，或右键单击该数据库实例，然后选择上下文菜单中的"修改"。此时会显示"修改数据库实例"窗口。

(4) 在"备份保留期"下拉列表框中选择 3。

(5) 选中"立即启用"复选框。

(6) 单击"完成"按钮。

2. 禁用自动备份

某些情况下(比如在加载大量数据时)，可能希望临时禁用自动备份。

> **注意** 　　强烈建议不要禁用自动备份，因为此操作会禁用时间点恢复。如果在禁用后又重新启用了自动备份，只可从重新启用自动备份的时间开始进行还原。

在这些示例中，可以通过将备份保留参数设置为 0 来禁用数据库实例的自动备份。

3. 立即禁用自动备份

(1) 登录 AWS 控制台并通过以下网址打开 Amazon RDS 控制台：https://console.aws.amazon.com/rds/。

(2) 在导航窗格中，单击"数据库实例"选项，然后选中要修改的数据库实例旁边的复选框。

(3) 单击"修改"按钮。此时会显示"修改数据库实例"窗口。

(4) 在"备份保留期"下拉列表框中选择 0。

(5) 选中"立即启用"复选框。

(6) 单击"完成"按钮。

3.5.2　使用数据库快照

数据库快照是指在某个时刻，将数据库的状态进行备份，它是用户触发的数据库实例备份。用户可以利用数据快照快速恢复到备份时刻的状态。

1. 创建数据库快照

(1) 登录 AWS Management Console 并通过以下网址打开 Amazon RDS 控制面板：https://console.aws.amazon.com/rds/。

(2) 在导航窗格中，单击"实例"选项，如图 3-10 所示。

图 3-10　实例面板

(3) 单击"实例操作"下拉菜单，然后单击"拍摄数据库快照"选项，如图 3-11 所示。

图 3-11　拍摄数据库快照

此时会显示"拍摄数据库快照"窗口。

(4) 在"快照名称"文本框内输入快照名称，如 3-12 所示。

图 3-12　输入快照名称

(5) 单击"拍摄快照"按钮。

2. 从数据库快照中还原

如果需要恢复，必须先创建数据库快照，然后才能从中还原数据库实例。在还原数据库实例时，需要提供用于还原的数据库快照的名称，然后提供还原后所创建的新数据库实例的名称。使用者无法从数据库快照还原到现有的数据库实例中。一个新的数据库实例会在还原时创建。

在还原数据库实例时，仅仅默认的数据库参数和安全组与还原的实例相关联。还原完之后，应通过从中还原的实例关联使用的自定义数据库参数或安全组。必须在数据库实例可用之后，使用 RDS 控制台的 Modify(修改)命令、ModifyDBInstance API 或 rds-modify-db-instance 命令行工具显式应用这些更改。建议为自己的所有数据库快照保留参数组，以便可以将还原的实例与正确的参数文件相关联。

如果使用了 Oracle GoldenGate，请始终使用 compatible 参数保留参数组。如果从数据库快照还原实例，则必须对还原的实例进行修改，以使用具有匹配或更大 compatible 参数值的参数组。还原操作结束之后，应尽快进行这种修改，并且需要重启实例。

与数据库快照相关联的选项组会在恢复的数据库实例创建时与之关联。例如，如果从其还原的数据库快照使用 Oracle 透明数据加密，则还原的数据库实例将使用具有 TDE 选项的相同选项组。向数据库实例分配选项组时，选项组还会链接到数据库实例所处的受支持平台，即 VPC 或 EC2-Classic(非 VPC)。而且，如果数据库实例在某个 VPC 中，则与该实例关联的选项组会链接到该 VPC。这意味着，如果尝试将数据库实例还原到不同的 VPC 中或平台上，则无法使用分配给该实例的选项组。如果将数据库实例还原到不同的 VPC 中或平台上，则必须向该实例分配默认选项组、分配链接到该 VPC 或平台的选项组，或是创建新选项组并将其分配给数据库实例。请注意，对于持久或永久选项(如 Oracle TDE)，在将数据库实例还原到不同的 VPC 中时，必须创建包含该持久或永久选项的新选项组。

从数据库快照恢复时，可以更改为不同版本的数据库引擎，前提是数据库快照拥有新版本所需的分配存储空间。例如，要从 SQL Server Web Edition 更改为 SQL Server Standard Edition，数据库快照必须从拥有至少 200GB 可分配存储空间的 SQL Server 数据库实例中创建(这也是 SQL Server Standard Edition 所需的最小分配存储空间)。

(1) 登录 AWS Management Console 并通过以下网址打开 Amazon RDS 控制面板：https://console.aws.amazon.com/rds/，如图 3-13 所示。

图 3-13　RDS 控制面板

(2) 在导航窗格中，单击"快照"选项，如图 3-14 所示。

图 3-14　快照面板

(3) 单击要还原的数据库快照。

(4) 单击"还原快照"按钮，如图 3-15 所示。

图 3-15　快照还原

此时会显示"还原数据库实例"窗口。

(5) 在"还原数据库实例"窗口中输入还原的数据库实例名，如图 3-16 所示。

图 3-16　数据库实例标志符设置

(6) 单击"还原数据库实例"按钮，进入图 3-17 所示界面。

图 3-17　还原数据库实例

3.5.3　将数据库恢复至某个时间点

Amazon RDS 自动备份功能会自动创建数据库备份。此备份可以在用户可配置的 30 分钟日常时间段内进行，该时间段称为备份窗口。系统会在可配置天数内保留此自动备份(该段时间称为备份保留期)。可以在此保留期内将数据库实例还原到任意指定时间，以此创建新数据库实例。

将数据库实例还原到某个时间点时，默认数据库安全组将应用于新数据库实例。如果需要将自定义数据库安全组应用于数据库实例，一旦数据库实例可用，就必须使用 AWS 管理控制台、ModifyDBInstance API 或 rds-modify-db-instance 命令行工具显式应用它们。

用户可在备份保留期内还原到任意时间点。为确定数据库实例的最近可还原时间，可将 --show-long 和 --headers 参数与 rds-describe-db-instance 命令一起使用，并查看"Latest Restorable Time"列内返回的值。数据库实例的最近可还原时间通常为当前时间之前 5 分钟内。

当前不支持 OFFLINE、EMERGENCY 和 SINGLE_USER 模式。将任何数据库设置成上述模式之一，会导致整个实例的最近可还原时间停滞不前。

从某个时间点进行还原时，Amazon RDS 使用的多种数据库引擎有一些特殊的注意事项。将 Oracle 数据库实例还原到某个时间点时，可指定不同的 Oracle 数据库引擎、许可模式和 DBName(SID)供新数据库实例使用。将 SQL Server 数据库实例还原到某个时间点时，该实例中的每个数据库均还原到与实例中每个其他数据库相差 1 秒以内的时间点。对于实例内跨多个数据库的事务，还原时可能会发生不一致的情况。

某些操作(如更改 SQL Server 数据库的恢复模式)可中断用于时间点恢复的日志序列。在某些情况下，Amazon RDS 可检测到此问题并阻止最近可还原时间前移；在另外一些情况下(如当 SQL Server 数据库使用 BULK_LOGGED 恢复模式时),检测不到日志序列中断。如果日志序列中断,则可能无法将 SQL Server 数据库实例还原到某个时间点。出于这些原因,Amazon RDS 不支持更改 SQL Server 数据库的恢复模式。

(1) 登录 AWS Management Console 并通过以下网址打开 Amazon RDS 控制面板:https://console.aws.amazon.com/rds/。

(2) 在导航窗格中,单击"实例"选项,如图 3-18 所示。

图 3-18　数据库实例面板

(3) 单击"实例操作"下拉菜单,然后单击"还原到时间点"选项,如图 3-19 所示。随后将显示"还原数据库实例"窗口。

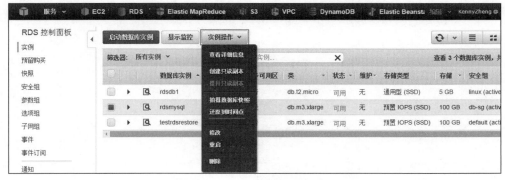

图 3-19　还原到时间点

(4) 单击"使用自定义还原时间"单选按钮,如图 3-20 所示。

(5) 在"使用自定义还原时间"文本框中,输入要还原到的日期和时间,如图 3-21 所示。

(6) 在"数据库实例标识符"文本框内输入还原的数据库实例名,如图 3-22 所示。

(7) 单击"启动数据库实例"按钮。

图 3-20　使用自定义还原时间

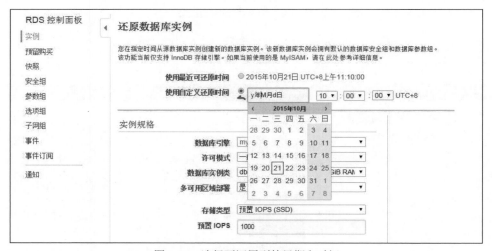

图 3-21　选择要还原到的日期和时间

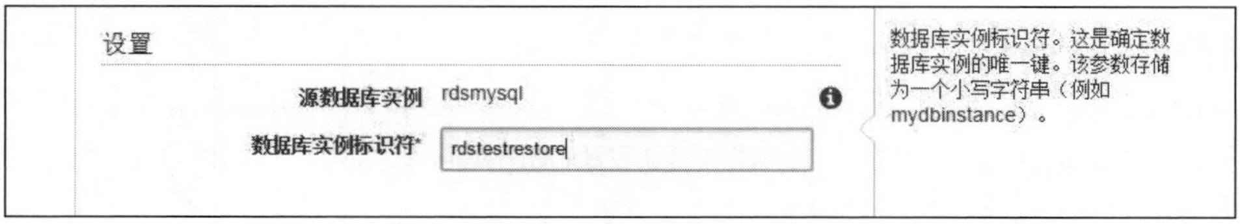

设置

源数据库实例　　rdsmysql

数据库实例标识符*　　rdstestrestore

数据库实例标识符。这是确定数据库实例的唯一键。该参数存储为一个小写字符串（例如 mydbinstance）。

图 3-22　输入数据库实例标识符

3.6　Amazon RDS 数据库的安全性

安全组控制着流量在数据库实例内外拥有的访问权限。与 RDS 配合使用的 Amazon 安全组有三种类型：数据库安全组、VPC 安全组和 EC2 安全组。简单来说，数据库安全组会控制不在 VPC 中的数据库实例的访问权限，VPC 安全组会控制 VPC 内的数据库实例(或其他 AWS 实例)的访问权限，而 EC2 安全组会控制 EC2 实例的访问权限。

默认情况下，数据库实例的网络访问处于关闭状态。用户可以在安全组中指定规则，允许从 IP 地址范围、端口或 EC2 安全组进行访问。配置传入规则后，与该安全组关联的所有数据库实例将应用这些规则。最多可以在一个安全组中指定 20 条规则。

1. 数据库安全组

各项数据库安全组规则都允许特定源访问与该数据库安全组关联的数据库实例。源可以是地址范围(如 203.0.113.0/24)或 EC2 安全组。在指定作为源的 EC2 安全组后，就可以允许从使用此 EC2 安全组的所有 EC2 实例中传入流量。请注意，数据库安全组规则仅适用于入站流量；数据库实例当前不允许出站流量。

在创建数据库安全组规则时，不需要指定目标端口号；为数据库实例定义的端口号可用作针对数据库安全组定义的所有规则的目标端口号。可以使用 Amazon RDS API 或 AWS Management Console 的 Amazon RDS 页面创建数据库安全组。

2. VPC 安全组

每条 VPC 安全组规则都允许特定的源访问 VPC 中与此 VPC 安全组关联的数据库实例。源可以是地址范围(如 203.0.113.0/24)或 VPC 安全组。指定作为源的 VPC 安全组后，就可以允许从使用此源 VPC 安全组的所有实例(通常为应用程序服务器)中传入流量。虽然 VPC 安全组具有管理入站和出站流量的规则，但是出站流量规则并不适用于数据库实例。请注意，必须使用 VPC 控制台上的"Amazon EC2 API"或"Security Group"选项创建 VPC 安全组。

可配置在 VPC 中部署的数据库实例，使得可以从 Internet 或从 VPC 之外的 EC2 实例访问这些数据库示例。如果 VPC 安全组指定了访问端口，如 TCP 端口 22，用户就不能访问该数据库实例，因为数据库实例的防火墙只提供通过 IP 地址的访问，且该 IP 地址是由该实例所属的数据库安全组指定的，该端口也是在数据库实例创建时定义的。

对于所有为了控制数据库实例的访问而创建的 VPC 安全组，应将 TCP 用作它们的协议。

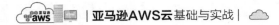

适用于 VPC 安全组的端口号应与用于创建数据库实例的端口号相同。

3. 数据库安全组与 VPC 安全组

数据库安全组与 VPC 安全组之间的主要区别如表 3-4 所示。

表 3-4　数据库安全组与 VPC 安全组

数据库安全组	VPC 安全组
控制对 VPC 之外数据库实例的访问	控制对 VPC 中数据库实例的访问
使用 Amazon RDS API 或 AWS 管理控制台的 Amazon RDS 页创建和管理组/规则	使用 Amazon EC2 API 或 AWS 管理控制台的 Amazon VPC 页创建和管理组/规则
在将规则添加到组时，不需要指定端口号或协议	在将规则添加到组时，应指定 TCP 用作它们的协议，并指定端口号，且该端口号应与用户在创建欲添加为该组成员的数据库实例(或选项)时所用的端口号相同
组允许从 AWS 账户或其他账户中的 EC2 安全组进行访问	组仅允许从 VPC 中的 VPC 安全组进行访问

第4章 Amazon VPC

4.1 VPC 介绍

Amazon VPC(Amazon Virtual Private Cloud)允许用户在 Amazon AWS 云中预配置出一个采用逻辑隔离的部分,在自定义的虚拟网络中启动 AWS 资源,能完全掌控虚拟网络环境,包括选择自有的 IP 地址范围、创建子网,以及配置路由表和网关。

用户可以轻松自定义 Amazon VPC 的网络配置。例如,为可访问 Internet 的 Web 服务器创建公有子网,将数据库或应用程序服务器等后端系统放在不能访问 Internet 的私有子网中。利用安全组和网络访问控制列表等多种安全层,帮助对各个子网中 Amazon EC2 实例的访问进行控制。

此外,也可在公司数据中心和 VPC 之间创建硬件虚拟专用网络(VPN)连接,将 Amazon AWS 云用作公司数据中心的扩展。

4.2　Amazon VPC 的主要功能

1．多种连接选择

Amazon VPC 具有多种连接选择。可以将 VPC 连接到 Internet、数据中心或其他 VPC，具体可依据希望公开的 AWS 资源和希望保持私密的资源而定。

- 直接连接 Internet(公有子网)：可以将实例推送到公开访问的子网中，它们可在其中发送和接收与 Internet 之间的通信。
- 通过网络地址转换连接 Internet(私有子网)：私有子网可用于不希望能直接从 Internet 寻址的实例。私有子网中的实例可以通过公有子网中的网络地址转换(NAT)实例路由其流量，从而访问 Internet 而不暴露其私有 IP 地址。
- 安全地连接公司数据中心：进出 VPC 中实例的流量可以通过行业标准的加密 IPSec 硬件 VPN 连接路由到用户的公司数据中心。
- 私下连接到其他 VPC(对等 VPC)：跨属于多个 AWS 账户的多个虚拟网络分享资源。
- 通过组合连接方式满足应用程序需求：可以将 VPC 同时与 Internet 和公司数据中心连接，并配置 Amazon VPC 路由表以将所有流量定向到正确的目的地。

2．安全

Amazon VPC 提供了安全组和网络访问控制列表等高级安全功能，以便在实例级别和子网级别启用入站和出站筛选功能。此外，还能在 Amazon S3 中存储数据并重定向访问，使得只能从 VPC 中的实例访问这些数据。另外，用户可选择启用专用实例，使其在单个客户专属使用的硬件上运行，实现附加隔离。

3．简便

通过 AWS 管理控制台快速又方便地创建 VPC。选择一种最符合需求的常用网络设置，使用"VPC 向导"。系统将自动创建子网、IP 范围、路由表和安全组，用户可以专心创建要在 VPC 中运行的应用程序。

4．AWS 的可扩展性和可靠性

Amazon VPC 提供了其余 AWS 平台所具有的全部优势。可以即时扩展资源，选择应用程序所适用的 Amazon EC2 实例类型和大小，并且仅支付所用资源的费用。

4.3　VPC 的基本概念

VPC 是仅适用于用户 AWS 账户的虚拟网络。它在逻辑上与 AWS 云中的其他虚拟网络隔绝。用户可在自身的 VPC 内启动 AWS 资源(例如 Amazon EC2 实例)，配置 VPC、选择 IP 地址范围、创建子网及配置路由表、网络网关和安全设置。

子网是 VPC 内的 IP 地址范围。可在被选定的子网内启动 AWS 资源。使用必须连接 Internet 资源的公用子网，以及无法连接到 Internet 资源的私有子网。

VPN 连接由附加到 VPC 的虚拟专用网关和位于数据中心的客户网关组成。虚拟专用网关是 VPN 连接到亚马逊一端的 VPN 集线器。客户网关是在 VPN 连接端的实体设备或软件设备。

Internet 网关是一种横向扩展、支持冗余且高度可用的 VPC 组件，可实现 VPC 中的实例与 Internet 之间的通信。因此，它不会对网络流量造成可用性风险或带宽限制。Internet 网关有两个用途：一个是在 VPC 路由表中为 Internet 可路由流量提供目标，另一个是为已经分配了公有 IP 地址的实例执行网络地址转换。

4.4　Amazon VPC 基本操作

4.4.1　VPC 的建立及大小调整

用户可以为 VPC 指定单一 CIDR 块。允许的块大小在/28 网络掩码与/16 网络掩码之间。换句话说，这个 VPC 可以包含 16 到 65 536 个 IP 地址。在创建 VPC 之后，便无法更改 VPC 的大小了。如果 VPC 的容量过小而无法满足需求，则必须终止这个 VPC 中的所有实例，删除 VPC 并随后创建一个新的容量较大的 VPC。

(1) 打开 Amazon VPC 控制台，网址是 https://console.amazonaws.cn/vpc/home?region=cn-north-1#，如图 4-1 所示。

(2) 在导航窗格中，单击"您的 VPC"选项，如图 4-2 所示。

(3) 单击"创建 VPC"按钮，如图 4-3 所示。

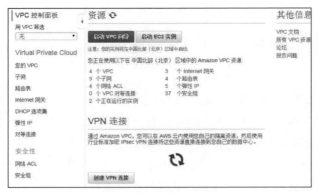

图 4-1　VPC 控制面板

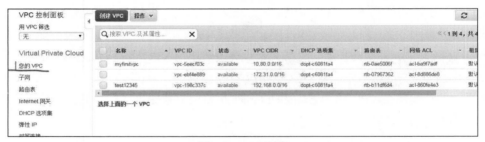

图 4-2　VPC 列表

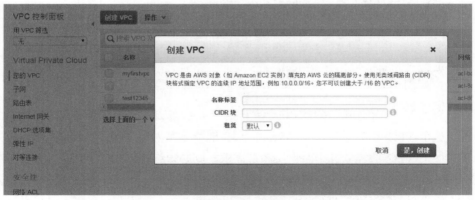

图 4-3　创建 VPC

（4）在"创建 VPC"对话框中，根据需要指定 VPC 的以下详细信息，然后单击"是，创建"按钮，如图 4-4 所示。

● 可以选择为 VPC 提供名称。这样做可创建具有 Name 键及用户指定值的标签。

- 为 VPC 指定一个 CIDR 块，例如 10.0.0.0/16 或 192.168.0.0/16。可以指定公有可路由 IP 地址的范围。

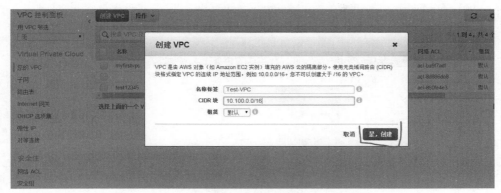

图 4-4　VPC 信息

4.4.2　删除 VPC

用户可以随时删除 VPC(例如，当 VPC 容量过小的时候)。但是，必须先终止 VPC 中的所有实例。使用 VPC 控制台删除 VPC 时，将删除其所有组件，如子网、安全组、网络 ACL、路由表、Internet 网关、VPC 对等连接和 DHCP 选项。

如果有 VPN 连接，无须删除此连接或与 VPN 相关的其他组件(例如，客户网关和虚拟专用网关)。如果计划在另一个 VPC 中使用客户网关，建议保留 VPN 连接和网关。或者必须在创建新的 VPN 连接之后再次配置网关。

(1) 打开 Amazon EC2 控制台，网址是 https://console.amazonaws.cn/ec2/v2/home?region=cn-north-1#，如图 4-5 所示。

(2) 终止 VPC 中的所有实例，然后确认该 VPC 内已没有实例。

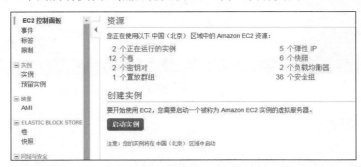

图 4-5　EC2 控制界面

（3）打开 Amazon VPC 控制台。

（4）在导航窗格中，单击"您的 VPC"选项。

（5）选择要删除的 VPC，然后单击"操作"下拉菜单，选择"删除 VPC"选项，如图 4-6 所示。

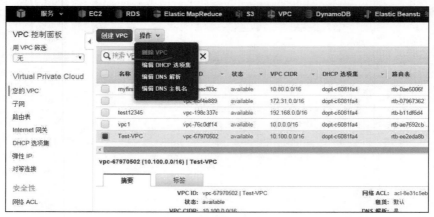

图 4-6　删除 VPC

（6）如果需要删除 VPN 连接，选择"适用"选项；或者不选择，直接单击"是，请删除"按钮，如图 4-7 所示。

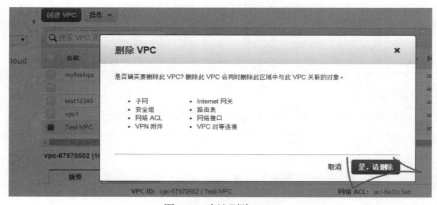

图 4-7　确认删除 VPC

4.4.3　子网的建立

用户可以创建跨多个可用区域的 VPC。在创建 VPC 之后，可以在每个可用区域中添加一个或多个子网。每个子网都必须完全位于一个可用区域之内，不能跨越多个可用区域。可用区域是被设计为可以隔离其他可用区域的故障的不同位置。通过启动独立可用区域内的实例，可以保护应用程序不受某一位置故障的影响。

AWS 会为每个子网指定一个独特的 ID。

当创建子网时，即为这个子网指定了 CIDR 块。子网的 CIDR 块可以与 VPC 的 CIDR 块(适用于 VPC 中的单一子网)或子网的 CIDR 块(启用多子网)相同。允许的块大小在/28 网络掩码与/16 网络掩码之间。如果在 VPC 中创建的子网多于一个，切勿使子网的 CIDR 块重叠。

在 VPC 中添加子网的步骤如下：

(1) 创建子网。

a. 打开 Amazon VPC 控制台。

b. 在导航窗格中，单击"子网"选项，如图 4-8 所示。

c. 单击"创建子网"按钮，如图 4-9 所示。

图 4-8　子网控制台

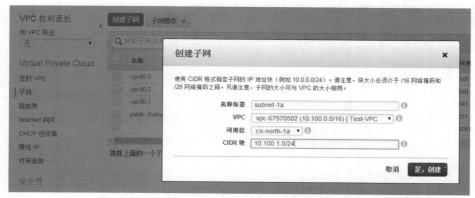

图 4-9　创建子网

d. 在"创建子网"对话框中，可以选择命名所需的子网，然后选择 VPC，选择可用区域，指定子网的 CIDR 范围，然后单击"是，请创建"按钮。

(2) 设置子网路由，直接修改现有路由表或者新建路由表与该子网关联，之后再修改新建的路由表，如图 4-10 所示。

图 4-10 设置子网路由

(3) (可选)根据需要创建或修改安全组。

(4) (可选)根据需要创建或修改网络 ACL。

4.4.4 在子网中启动实例

(1) 打开启动向导。

a. 打开 Amazon EC2 控制台。

b. 在控制面板上，单击"启动实例"按钮，如图 4-11 所示。

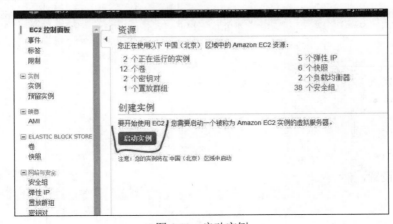

图 4-11 启动实例

（2）按照向导中的指示操作，选择 AMI，选择实例类型，然后单击"下一步"按钮，进入"配置实例详细信息"页面，如图 4-12 所示。

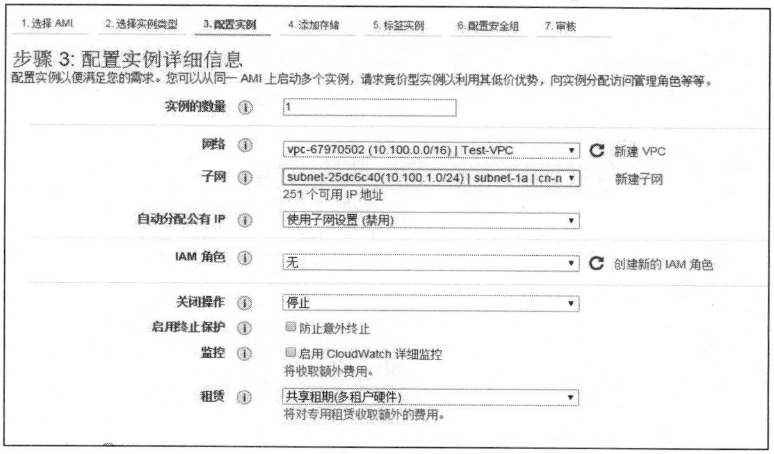

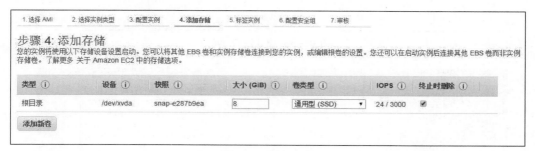

图 4-12　配置实例详细信息

（3）在"配置实例详细信息"页上，确保已在"网络"列表中选择了所需的 VPC，然后选择该子网以启动实例。将本页上的其他默认设置保留不变，然后单击"下一步"按钮，进入"添加存储"页，如图 4-13 所示。

图 4-13　添加存储

（4）在向导的后续页上，可为实例配置存储并添加标签。在"配置安全组"页上，选择用户的任何安全组，或根据向导的指示新建安全组。完成操作后，单击"检查并启动"按钮，如图 4-14 所示。

（5）检查设置，然后单击"启动"按钮，如图 4-15 所示。

（6）选择用户现有的密钥对或新建密钥对，然后在完成操作后单击"启动实例"按钮，如图 4-16 所示。

步骤 6: 配置安全组
安全组是一组防火墙规则,用于控制针对您的实例的流量。在此页面上,您可以添加规则来允许到达您的实例的特定流量。例如,如果您希望设置一个 Web 服务器,并允许 Internet 流量到达您的实例,请添加相应的规则来允许不受限制地访问 HTTP 和 HTTPS 端口。您可以创建一个新的安全组或从下面选择一个现有的安全组。了解更多 有关 Amazon EC2 安全组的信息。

分配安全组: ⦿ 创建一个新的安全组
○ 选择一个现有的安全组

安全组名称: sg100

描述: sg100

类型 ⓘ	协议 ⓘ	端口范围 ⓘ	来源 ⓘ
SSH ▾	TCP	22	任何位置 ▾ 0.0.0.0/0

添加规则

⚠ 警告
设置为 0.0.0.0/0 的源规则允许所有 IP 地址访问您的接口。我们建议将安全组规则设置为仅允许从已知的 IP 地址进行访问。

图 4-14 配置安全组

图 4-15 检查配置及启动实例

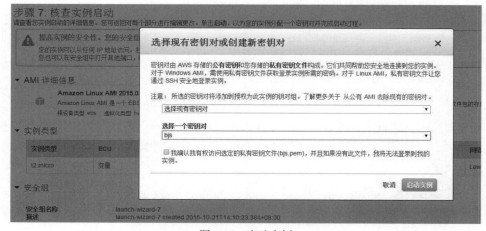

图 4-16 启动实例

4.4.5　删除子网

删除子网前必须先终止子网中的任何实例。

(1) 打开 Amazon EC2 控制台。

(2) 终止子网中的所有实例。

(3) 打开 Amazon VPC 控制台。

(4) 在导航窗格中，单击"子网"选项。

(5) 选择要删除的子网，然后单击"子网操作"下拉菜单，选择"删除子网"按钮，如图 4-17 所示。

图 4-17　删除子网

(6) 在"删除子网"对话框中，单击"是，请删除"按钮。

4.5　在 Amazon VPC 中设置路由表

4.5.1　路由表

路由表中包含一系列被称为路由的规则，可用于判断网络流量的导向目的地。

在用户的 VPC 中的每个子网必须与一个路由表关联；路由表控制子网的路由。一个子网一次只能与一个路由表关联，但用户可以将多个子网与同一路由表关联。

4.5.2　路由表的基本信息

以下是用户需要了解的关于路由表的基本信息：

- 用户的 VPC 有一个隐式路由表。
- 用户的 VPC 会自动生成主路由表，以供用户修改。
- 用户可以为用户的 VPC 创建额外的自定义路由表。
- 每个子网必须与一个路由表关联，这个路由表控制子网的路由。如果用户未在子网与特定路由表间建立显式关联，这个子网将使用主路由表。
- 用户可以将主路由表替换为用户创建的自定义路由表(以使这个路由表成为默认路由表，并可与每个新增子网存在关联)。
- 路由表中的每项路由都指定了一个目的 CIDR 和目标(例如，指向 172.16.0.0/12 的数据流将通向虚拟专用网关)；使用与数据流匹配的最明确路由以判断数据流的路由方式。

4.5.3　主路由表

创建 VPC 时，它会自动生成主路由表。在 VPC 控制台中的"路由表"页面上，可以通过在"主"列中查找"是"来查看 VPC 的主路由表。

最初，主路由表(以及 VPC 中的每一项路由表)中仅包含一项路由：可启动 VPC 内通信的本地路由。

用户无法修改路由表中的本地路由。无论何时，用户只要在 VPC 中启动实例，本地路由都会自动应用到这个实例，用户无须在路由表中添加新的实例。

如果用户未在子网与路由表间建立显式关联，这个子网将与主路由表建立隐式关联。但是，用户仍可以在子网与主路由表间建立显式关联，如图 4-18 所示。

图 4-18　子网与路由表之间的关系

控制台会显示出与每个路由表关联的子网数目。只有显式关联会被包含在这个编号中，如图 4-19 所示。

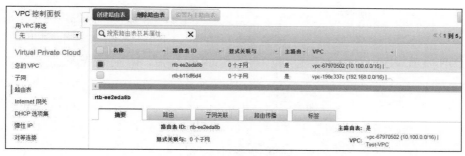

图 4-19　主路由表与子网的关联

在 VPC 中添加一个网关(无论是 Internet 网关还是虚拟专用网关)时,用户必须为任何使用此网关的子网更新路由表。

如果用户已经将一个虚拟专用网关与用户的 VPC 相连,并且启用了路由表中的路由传播,代表用户的 VPN 连接的路由会在用户的路由表的路由列表中自动显示为已传播路由。

4.5.4　自定义路由表

除了默认路由表之外,用户的 VPC 还可以有其他路由表。保护用户的 VPC 的一种方式是保留主路由表的初始默认状态(仅包含本地路由),并将用户创建的每个新建子网与用户已经创建的自定义路由表之一建立显式关联。这样可以确保用户能够明确地控制每个子网的出站数据流的路由方式。

有关用户可以创建的路由表数目限制的信息,请参见"Amazon VPC 限制"页面,网址是 http://docs.aws.amazon.com/zh_cn/AmazonVPC/latest/UserGuide/VPC_Appendix_Limits.html。

4.6　安全性与防火墙

4.6.1　VPC 基本安全

Amazon VPC 提供两种功能,以提高 VPC 的安全性。

- 安全组:作为相关 Amazon EC2 实例的防火墙,可在实例级别控制入站和出站的数据流。
- 网络访问控制列表(ACL):作为关联子网的防火墙,在子网级别控制入站和出站的数据流。

在 VPC 中启动一项实例时，用户可以为其关联一个或多个用户已经创建的安全组。在用户的 VPC 中的每项实例都可能属于不同的安全组集合。如果用户在启动实例时未指定安全组，实例会自动归属到 VPC 的默认安全组。有关安全组的更多信息，请参见"VPC 的安全组"页面，网址是 http://docs.aws.amazon.com/zh_cn/AmazonVPC/latest/UserGuide/VPC_SecurityGroups.html。

用户可以仅利用安全组来确保用户的 VPC 实例的安全；但是，用户可以添加网络 ACL 以作为第二防御层。有关网络 ACL 的更多信息，请参见"网络 ACL"页面，网址是 http://docs.aws. amazon.com/zh_cn/AmazonVPC/latest/UserGuide/VPC_ACLs.html。

用户可以使用 AWS Identity and Access Management 控制可以创建和管理安全组及网络 ACL 的组织成员。例如，用户可以将此许可仅授予用户的网络管理员，而非将许可授予需要启动实例的人员。有关 AWS Identity and Access Management 的更多信息，请参见"控制访问 Amazon VPC 资源"页面，网址是 http://docs.aws.amazon.com/zh_cn/AmazonVPC/latest/UserGuide/VPC_IAM.html。

Amazon 安全组和网络 ACL 不筛选在链路本地地址(169.254.0.0/16)或 AWS 预留地址(每个子网中的前四个和最后一个 IP 地址)间往返的流量。这些地址支持以下服务：域名服务(DNS)、动态主机配置协议(DHCP)、Amazon EC2 实例元数据、密钥管理服务器(KMS，用于 Windows 实例的许可管理)和子网中的路由。用户可以在用户的实例中实施额外的防火墙解决方案，以阻断与本地链接地址间的网络通信。

4.6.2 安全组与网络 ACL 的比较

表 4-1 概述了安全组和网络 ACL 之间的基本差异。

表 4-1　安全组与网络 ACL 的差异

安全组	网络 ACL
在实例级别操作(第一防御层)	在子网级别操作(第二防御层)
仅支持允许规则	支持允许规则和拒绝规则
有状态：返回数据流会被自动允许，不受任何规则的影响	无状态：返回数据流必须被规则明确允许
在决定是否允许数据流前评估所有规则	在决定是否允许数据流时按照数字顺序处理所有规则
只有在启动实例的同时指定安全组，或稍后将安全组与实例关联的情况下，操作才会被应用到实例	自动应用到关联子网内的所有实例(备份防御层，因此用户不需要依靠别人为用户指定安全组)

第5章 Amazon CloudFront

5.1 什么是 Amazon CloudFront

CloudFront 是一项 Web 服务，可以加速向最终用户分发静态和动态 Web 内容，例如.html、.css、.php 和图像文件。CloudFront 通过一个由遍布全球的数据中心(称作边缘站点)组成的网络来传输用户的内容。当用户请求用 CloudFront 提供的内容时，用户的请求将被传送到延迟(时延)最短的节点，以便以可以达到的最佳性能来传输内容。如果该内容已经在延迟最短的节点上，CloudFront 将直接提供它。如果该内容目前不在这样的节点上，CloudFront 将从用户已指定为该内容最终版本来源的 Amazon S3 存储桶或 HTTP 服务器(例如，Web 服务器)检索该内容。

5.2　Amazon CloudFront 服务的优势

5.2.1　快速

使用位于世界各地的边缘站点，Amazon CloudFront 可将用户的静态内容副本缓存在离浏览者较近的节点上，从而缩短了浏览者下载数据元时的延迟，使数据传输过程稳定高速，实现向最终用户交付大规模常用数据元。动态内容请求经由优化的网络路由传回至 AWS(如 Amazon EC2和 Elastic Load Balancing)中的原始服务器，用户的浏览体验更加可靠、一致。Amazon 将持续监控这些网络路径，而从 CloudFront 节点到原始服务器的连接将被再次用于从内容交付网络(CDN)提供动态内容，同时保持尽可能最佳的性能。

5.2.2　简便

开发者只需简单调用 API，就能通过 Amazon CloudFront 网络从 Amazon S3 存储桶、Amazon EC2 实例或其他原始服务器实现内容分配。此外，亦可通过AWS 管理控制台便捷的图形用户界面与 Amazon CloudFront 互动。静态内容和动态内容统一在同一个域中。借助 CloudFront，使用统一域名就能指向用户所有的网站内容。任何现有配置的更改，几分钟内就能传遍整个全球网络，并即刻生效。此外，Amazon CloudFront 免除了用户与销售人员商议之烦恼，使用户全部的网站内容启动分发过程迅捷高效。

5.3　创建 Web 分发

创建一个或多个 Amazon S3 存储桶或将 HTTP 服务器配置为用户的原始服务器。源是用户存储网页内容原始版本的位置。当 CloudFront 收到针对用户的文件的请求时，它将转到源，以获取它在节点位置分配的文件。用户可以将最多 10 个 Amazon S3 存储桶和 HTTP 服务器的任意组合用作用户的原始服务器。如果用户正在使用 Amazon S3，请注意，存储桶的名称必须全部小写，并且不能包含空格。

将内容上传至用户的原始服务器。如果用户不希望限制使用 CloudFront 签署的 URL 对内容的访问，可使对象公开可读。

注意

用户负责确保原始服务器的安全，与此同时，还必须确保 CloudFront 有权限访问服务器，并确保安全设置是适当的，足以保护内容。

以下步骤将告诉用户如何使用 CloudFront 创建 Web Distribution。

(1) 登录 CloudFront 控制台，单击"Create Distribution"按钮，如图 5-1 所示。

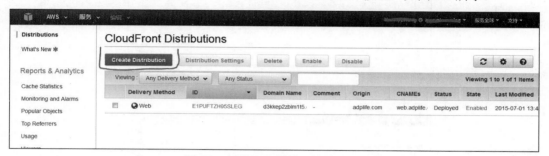

图 5-1　创建 CloudFront Distribution

(2) 单击 Web 类目的"Get Started"按钮，如图 5-2 所示。

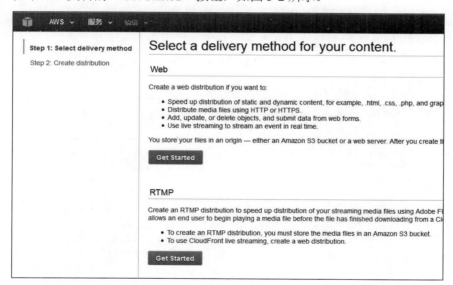

图 5-2　Web Distribution 类目

(3) 选择 Distribution 源及缓存行为，然后单击"Create Distribution"按钮，如图 5-3～图 5-6 所示。

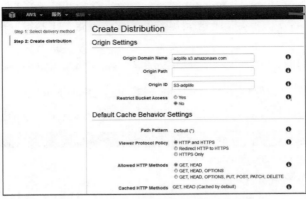

图 5-3　Distribution 源及缓存行为

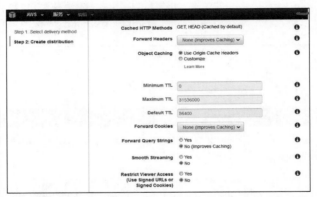

图 5-4　Distribution 缓存超时时间、Forward Cookies、Forward Query Strings 等参数

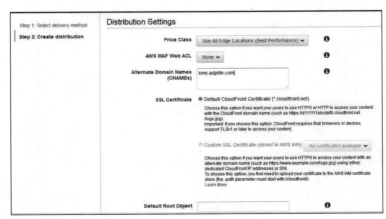

图 5-5　选择 CANMEs、AWS WAF Web ACL、SSL Certificate 等参数

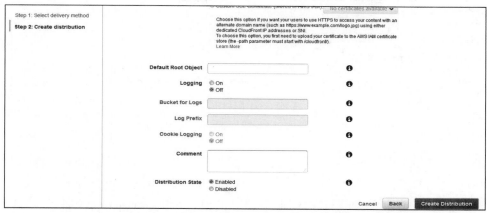

图 5-6　Logging、Cookie Logging 等参数

（4）查看 Distribution 状态，通常需要几分钟才能生效，Status 变为 Deployed 即可，如图 5-7 所示。

图 5-7　Distribution 状态

 注意　　　如果已使用 CloudFront 控制台创建了分配，则可为用户的分配创建更多的缓存行为或源，如图 5-8 和图 5-9 所示。

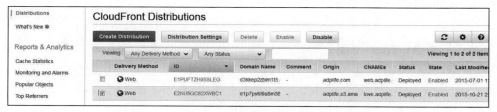

图 5-8　选择对应的分配

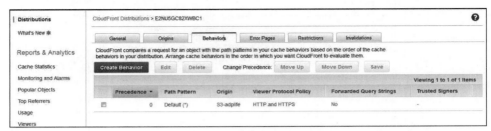

图 5-9　更多分配行为

开发网站或应用程序时，可以根据之前的分配创建步骤，之后通过 CloudFront 返回的域名访问内容。例如，如果 CloudFront 返回 d111111abcdef8.cloudfront.net 作为被分配到的域名，那么 Amazon S3 存储桶中或 HTTP 服务器上的根目录中 image.jpg 文件的 URL 将是 http://d111111abcdef8.cloudfront.net/image.jpg。如果用户在创建分配时指定了一个或多个备用域名(别名记录)，那么可使用自己的域名。在这种情况下，image.jpg 的 URL 可能是 http://www.example.com/image.jpg。

5.4　利用 CloudFront 提供私有对象的 CDN 服务

可通过两种方式控制最终用户对私有内容的访问。

1) 可以限制对 CloudFront 节点缓存中对象的访问：可以将 CloudFront 配置为要求最终用户使用专用的签名 URL 访问对象。然后，就可以创建签名 URL(手动或以编程方式)并将它们分发给用户。

当为对象创建签名 URL 时，可指定：

- 结束日期和时间，在此之后，URL 不再有效。
- (可选)URL 生效的日期和时间。
- (可选)可用于访问内容的计算机的 IP 地址或地址范围。

签名 URL 中有一部分是使用公钥/私钥对中的私钥进行散列和签署的。当某人使用签名 URL 来访问对象时，CloudFront 将比较该 URL 中已签名和未签名的部分。如果两者不匹配，CloudFront 将不提供对象。

2) 可限制对 Amazon S3 存储桶中对象的访问：可以对 Amazon S3 存储桶中的内容进行保护，使最终用户可使用 CloudFront URL 访问它，但不能使用 Amazon S3 URL 加以访问。此举可防止任何人绕过 CloudFront，使用 Amazon S3 URL 访问被限制访问的内容。如果要求用户使用 CloudFront URL，需要：

- 创建一个被称作原始访问标识的专用 CloudFront 用户。
- 向该原始访问标识授予读取存储桶中对象的权限。
- 删除任何其他人读取这些对象的权限。

5.5　私有内容的工作原理

下面概述了如何使用私有内容保护对 Amazon S3 内容的访问。稍后，会对每一步进行更详细的介绍。

要设置私有内容，必须使用 CloudFront 控制台或 CloudFront API 版本 2009-09-09 或更高版本。

(1) 对 Amazon S3 中的内容进行保护，以防止任何人绕过 CloudFront 而使用 Amazon S3 URL 访问被限制访问的内容。此步骤是可选的，但最好完成这一步，以防有人获知内容的 Amazon S3 URL。

a. 创建一个原始访问标识，这是一种专用的 CloudFront 用户。

b. 将原始访问标识与分配关联起来(对于 Web 分配，需要将原始访问标识与源关联起来，以便保护所有 Amazon S3 内容或者只保护其中一部分内容)。

c. 更改 Amazon S3 中的权限，以便只有原始访问标识可访问对象。

(2) 在 CloudFront 分配中，指定一个或多个可信签署人，即有权创建签名 URL 的 AWS 账户。

(3) 开发应用程序，以便为对象创建签名 URL，或者针对应用程序中需要签名 URL 的部分进行开发。

(4) 最终用户请求被要求采用签名 URL 的对象。

(5) 应用程序验证最终用户是否有权访问该对象：是否已注册、是否已支付了内容访问费用或者是否已满足一些其他的访问要求。

(6) 应用程序创建签名 URL 并将其发回用户。

(7) 通过使用签名 URL，用户可以下载内容或对内容进行流式处理。

此步骤自动完成，用户通常不必执行任何额外的操作即可访问内容。例如，如果用户是在 Web 浏览器中访问内容，那么应用程序会将签名 URL 发回浏览器。浏览器可以直接使用签名 URL 访问 CloudFront 节点缓存中的对象，而无须用户进行任何干预。

(8) CloudFront 确认该 URL 尚未被篡改，并且依然有效。例如，如果为该 URL 指定了开始和结束日期及时间，CloudFront 会确认用户是否在被允许访问的时间段尝试访问内容。如果该 URL 有效，CloudFront 将执行标准操作：确定对象是否已在节点缓存中，必要时将请求转发到源，然后将对象发回用户。

5.6 对 CloudFront 进行负载测试

传统的负载测试方法对 CloudFront 并不十分适用，因为 CloudFront 使用 DNS 在分散于不同地理位置的节点间及每个节点内部平衡负载。当客户端向 CloudFront 请求内容时，客户端会收到包含一组 IP 地址的 DNS 响应。如果被采用的测试方法是只向 DNS 返回的其中一个 IP 地址发送请求，那么测试的仅仅是一个 CloudFront 节点中的一小部分资源，这并不能准确体现实际的流量规律。根据所请求的数据量，以这种方式进行测试可能会造成这一小部分 CloudFront 服务器超载且性能下降。

CloudFront 旨在通过扩展来满足在多个地理区域具有不同客户端 IP 地址和不同 DNS 解析程序的查看器之需。要执行能准确评估 CloudFront 性能的负载测试，建议执行以下所有操作：

- 从多个地理区域发送客户端请求。
- 配置测试，使每个客户端发出独立的 DNS 请求；这样每个客户端就会从 DNS 分别收到一组不同的 IP 地址。
- 对于每个发出请求的客户端，使用 DNS 返回的该组 IP 地址分散发出客户端请求，从而确保在 CloudFront 节点中的多台服务器间分配负载。

第 6 章　Amazon DynamoDB

6.1　Amazon DynamoDB 介绍

DynamoDB 是一种完全托管的 NoSQL 数据库服务，提供快速而可预测的性能，能够实现无缝扩展。DynamoDB 可自动将表的数据和流量分布到足够多的服务器中，以处理客户指定的请求容量和数据存储量，同时保持一致的性能和高效的访问。所有数据项目均存储在固态硬盘(SSD)中，并在区域的多个可用区之间自动复制，以提供内置的高可用性和数据持久性。例如，可以使用 DynamoDB 创建数据库表，并可在表中存储和检索任意数量的数据和处理任何级别的请求流量。也可以通过 AWS 管理控制台创建新的 DynamoDB 数据库表、扩展或缩小表的请求容量而不导致停机或性能降低，还能查看资源使用率与性能指标。使用 DynamoDB，用户可以将操作和扩展分布式数据库的管理工作负担交给 AWS，无须担心硬件预配置、设置和配置、复制、软件修补或集群扩展等问题。

6.2 使用 DynamoDB 能带来哪些好处

1) **可扩展**：DynamoDB 旨在实现吞吐量和存储容量的高效无缝扩展。

- 预配置吞吐量：创建表时，只需指定所需的吞吐容量即可。DynamoDB 会为你的表分配专用资源以满足性能要求，并自动将数据分区到足够多的服务器以满足请求容量。如果用户的应用程序需求发生变化，只需使用 AWS 管理控制台或 DynamoDB API 调用更新表的吞吐容量即可。在扩展过程中，仍然能够保证之前的吞吐量水平没有下降。

- 自动存储扩展：用户在 DynamoDB 表中可存储的数据量没有限制，而且随着使用 DynamoDB 写入 API 所存储的数据量的增加，该服务会自动分配更多存储。

- 完全分布式的无共享架构：DynamoDB 可水平扩展并在数百台服务器中无缝扩展单个表。

2) **快速、可预测的性能**：DynamoDB 的服务端平均延迟通常不超过十毫秒。该服务在固态硬盘中运行，其构建方式旨在任何规模均能保证服务性能持续优良，降低延迟。

3) **轻松管理**：DynamoDB 是完全托管的服务，用户只需创建数据库表，其余事情都交由该服务代劳。无须担心硬件或软件预配置、设置和配置、软件修补、操作可靠的分布式数据库集群，也不必担心随着扩展的需要在多个实例间对数据进行分区等问题。

4) **内置容错能力**：DynamoDB 内置容错能力，可在某个地区的多个可用区域之间自动同步备份数据，以实现高效可访问性。即使单台机器甚至设施出现死机，防护措施也能保证数据万无一失。

5) **灵活**：DynamoDB 没有固定模式。相反，每个数据项目可以有不同数量的属性。多种数据类型(字符串、数字、二进制数据和集)使数据模型更加丰富。

6) **高效的索引**：DynamoDB 表中的每个项目均由一个主键标识，让你能够快速高效地访问数据项目。你还可以就非键值属性定义二级索引，并使用替代键查询你的数据。

7) **强一致性、原子计数器**：与许多非关系数据库不同，DynamoDB 允许对读取操作使用强一致性检验以确保始终读取最新的值，从而使开发更加便捷。DynamoDB 支持多种本地数据类型(数字、字符串、二进制数据和多值属性)。该服务还支持本地原子计数器，允许通过调用单个 API 调用自动递增或递减的数字属性。

8) **安全**：DynamoDB 非常安全，采用经过验证的加密方法验证用户身份，以防未授权数

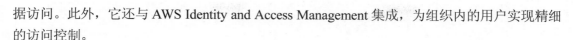

据访问。此外，它还与 AWS Identity and Access Management 集成，为组织内的用户实现精细的访问控制。

9) **集成监控**：DynamoDB 在 AWS 管理控制台中为你的表显示关键操作指标。该服务还与 CloudWatch 集成，以便查看每个 DynamoDB 表的请求吞吐量和延迟，并轻松跟踪你的资源使用情况。

10) **Amazon Elastic MapReduce 集成**：DynamoDB 还与 Amazon Elastic MapReduce(Amazon EMR)集成。Amazon EMR 允许企业使用 AWS 上托管的即用即付计费 Hadoop 框架来对大型数据集执行复杂分析。依赖 DynamoDB 的强大服务能力，客户可轻松使用 Amazon EMR 分析 DynamoDB 中存储的数据集并在 Amazon S3 中存档结果，同时在 DynamoDB 中保存完整原始数据集。

6.3　DynamoDB 入门

6.3.1　数据模型概念：表、项目和属性

DynamoDB 数据模型概念包括表、项目和属性。在 Amazon DynamoDB 中，数据库是表的集合。表是项目的集合，而每个项目是属性的集合。DynamoDB 仅需要表具有一个主键，而不需要预先定义所有属性名称和数据类型。DynamoDB 表中的各个项目可以有任意数量的属性，但是不能超出项目大小上限(400KB)。项目大小是其属性名称和值(二进制和 UTF-8 长度)长度之和。项目中的每个属性都是一个名称/值对。一个属性可以只有一个值，也可以有由多个值组成的集合。例如，图书项目可以有书名和作者属性。每本图书只有一个书名，但可以有多名作者。具有多个值的属性是一个集合，不允许出现重复的值。

图 6-1 所示的 ProductCatalog 表有一个图书项目和两个自行车项目。项目 101 是图书，它有多个属性(包括具有多个值的 Authors 属性)。项目 201 和 202 是自行车，这两个项目的 Color 属性具有多个值。Id 是唯一必需的属性。

```
        {
        Id = 101
        ProductName = "Book 101 Title"
        ISBN = "111-1111111111"
        Authors = [ "Author 1", "Author 2" ]
        Price = -2
        Dimensions = "8.5 x 11.0 x 0.5"
        PageCount = 500
        InPublication = 1
        ProductCategory = "Book"
    }

    {
        Id = 201
        ProductName = "18-Bicycle 201"
        Description = "201 description"
        BicycleType = "Road"
        Brand = "Brand-Company A"
        Price = 100
        Gender = "M"
        Color = [ "Red", "Black" ]
        ProductCategory = "Bike"
    }

    {
        Id = 202
        ProductName = "21-Bicycle 202"
        Description = "202 description"
        BicycleType = "Road"
        Brand = "Brand-Company A"
        Price = 200
        Gender = "M"
        Color = [ "Green", "Black" ]
        ProductCategory = "Bike"
    }
```

图 6-1　ProductCatalog 表

6.3.2　主键

创建表时，除表名外，还必须指定表的主键。主键唯一标识表中的每个项目，因此，任意两个项目的主键都不相同。

DynamoDB 支持以下两类主键：

- **哈希类型主键**：这类主键由一个属性(哈希属性)构成。DynamoDB 会基于这一主键属性构建无序的哈希索引。表中的每个项目由其哈希键值进行唯一标识。
- **哈希和范围类型主键**：这类主键由两个属性构成。第一个属性是哈希属性，第二个属性是范围属性。DynamoDB 会根据哈希主键属性构建无序哈希索引，根据范围主键属性构建有序范围索引。表中的每个项目由其哈希键值和范围键值的组合进行唯一标识。两个项目可具有相同的哈希键值，但这两个项目必须具有不同的范围键值。

必须定义每个主键属性的数据类型：字符串、数字或二进制。

例如，如果需要维护多个论坛，每个论坛都有多个讨论话题，每个话题有多条回复，那么可以通过创建以下三个表来为此建模，如表 6-1 所示。

表 6-1　Forum 表、Thread 表和 Reply 表

表名称	主键类型	哈希属性名称	范围属性名称
Forum(Name, ...)	哈希	Name	–
Thread(ForumName, Subject, ...)	哈希和范围	ForumName	Subject
Reply(Id, ReplyDateTime, ...)	哈希和范围	Id	ReplyDateTime

Thread 和 Reply 表都具有哈希和范围类型主键。Thread 表的每个论坛名称都可以有一个或多个主题，ForumName 是哈希属性，Subject 是范围属性。

Reply 表将 Id 作为哈希属性，将 ReplyDateTime 作为范围属性。回复 Id 用于标识回复所属的话题。在设计 DynamoDB 表时，必须考虑 DynamoDB 不支持跨表交叉连接。

例如，Reply 表在 Id 属性中同时存储论坛名称和主题。如果有一个话题回复项目，就可以通过解析 Id 属性找到论坛名称和主题，并使用此信息查询 Thread 或 Forum 表。

6.3.3　二级索引

在创建具有哈希和范围类型主键的表时，可以对表定义一个或多个二级索引。使用二级索引时，除了可对主键进行查询外，还可以使用替代键查询表中的数据。

DynamoDB 支持两种不同的索引：

- 全局二级索引：索引的主键可以是表中的任意两个属性。
- 本地二级索引：索引的分区键必须与表的分区键相同。不过，排序键可以是任何其他属性。

例如，在之前步骤创建的 Reply 表中，可以按 Id(哈希)或 Id 和 ReplyDateTime(哈希和范围类型主键)查询数据项目。假设表中有一个 PostedBy 属性，其中包含发布回复内容的用户的 ID。通过将 PostedBy 作为本地二级索引，可以按 Id(哈希主键)和 PostedBy(范围主键)查询数据。这样可用最高效率检索特定用户在一个话题中发布的所有回复，且无须访问任何其他项目。

6.3.4　DynamoDB 数据类型

DynamoDB 支持以下数据类型：

- **标量类型**：数字、字符串、二进制、布尔和空。
- **多值类型**：字符串集、数字集和二进制集。
- **文档类型**：列表和映射。

例如，在 ProductCatalog 表中，Id 为数字类型属性，Authors 为字符串集类型属性。

 注意　主键属性必须为字符串、数字或二进制。

6.3.5　DynamoDB 支持的操作

1. 表操作

DynamoDB 提供创建、更新和删除表的操作。创建表之后，可以使用 UpdateTable 操作增加或减少表的预配置吞吐量。DynamoDB 也支持检索表信息的操作(DescribeTable 操作)，包括检索表的当前状态、主键和表创建时间。也可以使用 ListTables 获取当前操作的账号在当前端节点(与 DynamoDB 通信使用)区域中的 DynamoDB 表格列表。

2. 项目操作

可以使用项目操作添加、更新和删除表中的项目。可以使用 UpdateItem 操作更新现有的属性值、添加新的属性及删除项目中的现有属性。DynamoDB 提供检索单个项目(GetItem)或批量项目(BatchGetItem)的操作。

3. 查询和扫描

使用 Query 操作，可通过哈希主键和可选的范围主键筛选条件查询表。如果表具有二级索引，还可以使用其键对索引执行 Query 操作。只能对主键属于哈希和范围类型的表执行查询；也可以查询此类表上的任意二级索引。Query 是检索表或二级索引中项目的最有效方式。

DynamoDB 还支持 Scan 操作，用户可以对表或二级索引使用该操作。Scan 操作读取表或二级索引中的每个项目。对于大型表和二级索引，Scan 可能占用大量资源。因此，建议将应用程序设计为主要使用 Query 操作，仅在合适时才使用 Scan 操作。

4. 数据读取和一致性注意事项

DynamoDB 对每个项目都保存了多个副本，以确保数据的持久性。当写入请求收到操作成功的响应时，DynamoDB 确保该次写入在多台服务器上都具备持久性。

5. 最终一致性读取

读取数据(GetItem、BatchGetItem、Query 或 Scan)时，响应反映的可能不是刚刚完成的写入操作(PutItem、UpdateItem 或 DeleteItem)的结果。响应可能包含某些陈旧数据。所有数据副本的一致性一般在一秒内就能实现；因此，过一会儿再重复读取请求时，响应就会返回最新数据。

6. 强一致性读取

当发出强一致性读取请求时，DynamoDB 返回的响应中会包含最新数据，反映由之前所有相关写入操作(DynamoDB 响应为成功的写入操作)执行的更新。

7. 有条件更新和并发控制

在多用户环境中，务必确保一个客户端执行的数据更新不会覆盖另一个客户端执行的数据更新。由此导致的"更新丢失"是典型的数据库并发问题。假设有两个客户端在读取同一个项目。两个客户端都从 DynamoDB 获取了该项目的副本。客户端 1 随后发送了一条更新此项目的请求。客户端 2 根本不知道发生了更新。稍后，客户端 2 发送自己更新此项目的请求，从而覆盖了客户端 1 所做的更新。这导致客户端 1 所做的更新丢失。

DynamoDB 支持"条件写入"功能，可让你在更新项目时指定一个条件。只有满足指定的条件，DynamoDB 才会写入项目；否则，将返回错误。在"更新丢失"示例中，客户端 2

可以添加一个条件来验证服务器端的项目与客户端的项目副本相同。如果项目已在服务器上更新，客户端 2 可以先获取更新副本，然后再应用自己的更新。

DynamoDB 还支持"原子计数器"功能，可以通过使用此功能发送请求来添加属性值或删除现有属性值，而不会妨碍同时发生的其他写入请求。例如，有一个 Web 应用程序想要针对自己网站的每个访问者都维护一个计数器。在这个例子中，客户端只是想增加一个值，而不管之前的值是什么。DynamoDB 写入操作支持增加或减少现有的属性值。

6.3.6　预配置吞吐容量

创建或更新表时，需要指定为读取和写入预留的预配置吞吐容量。一个读取容量单位代表对大小为 4KB 的项目每秒执行一次强一致性读取(或每秒执行两次最终一致性读取)。一个写入容量单位代表对大小为 1KB 的项目每秒执行一次写入。

表 6-2 展示了如何计算预配置吞吐容量。

表 6-2　预配置吞吐容量的计算方法

需要通过容量单位执行的操作	计算方法
读取	每秒项目读取次数×4KB 项目大小(相同容量支持的每秒最终一致性读取次数是强一致性读取次数的两倍)
写入	每秒项目写入次数×1KB 项目大小

如果应用程序的读取或写入请求超出了表的预配置吞吐量，那么系统可能会限制这些请求。可以使用 AWS 管理控制台监控自己的预配置吞吐量和实际吞吐量，并且在预计会出现流量变化时更改预配置容量。

对于具有二级索引的表，DynamoDB 会占用额外的容量单位。例如，如果要向表中添加一个大小为 1KB 的项目，并且该项目包含添加为索引的属性，那么就需要两个写入容量单位——一个用于对表执行写入，另一个用于对索引执行写入。

6.3.7　访问 DynamoDB

DynamoDB 是一种 Web 服务，该服务使用 HTTP 和 HTTPS 进行传输，并使用 JavaScript Object Notation(JSON)作为消息序列化格式。应用程序代码可以直接向 DynamoDB 网络服务 API 发送请求。我们建议使用 AWS 软件开发工具包，而不是直接从应用程序对 DynamoDB API 提出请求。AWS 软件开发工具包中的库使用方便，不必直接从应用程序调用 DynamoDB API。

这些库会进行身份验证请求、序列化和连接管理。有关如何使用 AWS 软件开发工具包的更多信息，请参阅"在 DynamoDB 中使用 AWS 开发工具包"网页，网址为 http://docs.aws.amazon.com/zh_cn/amazondynamodb/latest/developerguide/UsingAWSSDK.html。

6.4　创建 DynamoDB 表

6.4.1　准备工作

假定在此之前用户注册了 AWS 账号，如果还没有注册，请访问 http://aws.amazon.com/链接进行注册。

1. 通过 SDK 的方式创建表

2. 下载 AWS 开发工具包

根据要使用的编程语言，针对开发平台下载相应的 AWS 软件开发工具包。AWS 针对 Python、Ruby、JavaScript 等提供软件开发工具包支持。

3. 下载适用于 Java 的 AWS 开发工具包

我们有如下几种选择：

1）使用 Eclipse，可以通过 http://aws.amazon.com/eclipse/ 网站下载并安装 AWS Toolkit for Eclipse。相关的更多信息，请参阅"AWS Toolkit for Eclipse"页面。

2）使用任何其他 IDE 创建应用程序，请下载适用于 Java 的 AWS 开发工具包。

- AWS Toolkit for Eclipse，网址为 http://aws.amazon.com/cn/eclipse/。
- 适用于 Java 的 AWS 开发工具包，网址为 http://aws.amazon.com/cn/sdk-for-java/。

下面是使用 AWS SDK for Java 文档 API 创建表的步骤：

(1) 创建 DynamoDB 类的实例。

(2) 实例化 CreateTableRequest 以提供请求信息。必须提供表名、属性定义、键架构及预配置吞吐量值。

(3) 以参数形式提供请求对象，执行 CreateTable 方法。

如图 6-2 所示，通过上述步骤使用 Java SDK 创建 DynamoDB 表。

```
DynamoDB dynamoDB = new DynamoDB(new AmazonDynamoDBClient(
        new ProfileCredentialsProvider()));

ArrayList<AttributeDefinition> attributeDefinitions= new ArrayList<AttributeDefinition>();
attributeDefinitions.add(new AttributeDefinition().withAttributeName("Id").withAttributeType("N"));

ArrayList<KeySchemaElement> keySchema = new ArrayList<KeySchemaElement>();
keySchema.add(new KeySchemaElement().withAttributeName("Id").withKeyType(KeyType.HASH));

CreateTableRequest request = new CreateTableRequest()
                .withTableName(tableName)
                .withKeySchema(keySchema)
                .withAttributeDefinitions(attributeDefinitions)
                .withProvisionedThroughput(new ProvisionedThroughput()
                    .withReadCapacityUnits(5L)
                        .withWriteCapacityUnits(6L));

Table table = dynamoDB.createTable(request);

table.waitForActive();
```

图 6-2 使用 Java 代码段创建 DynamoDB 表

4. 下载适用于.NET 的 AWS 开发工具包

我们有如下几种选择：

(1) 使用 Visual Studio，可以安装适用于.NET 的 AWS 软件开发工具包和 Toolkit for Visual Studio。该工具包提供了适用于 Visual Studio 的 AWS Explorer 和可用于开发工作的项目模板。转至 http://aws.amazon.com/sdkfornet 并单击"下载 AWS .NET SDK"选项。默认情况下，安装脚本会安装 AWS 软件开发工具包和 AWS Toolkit for Visual Studio。有关该工具包的更多信息，请访问 AWS Toolkit for Visual Studio 用户指南，网址为 http://docs.aws.amazon.com/zh_cn/AWSToolkitVS/latest/UserGuide/welcome.html。

2) 使用任何其他 IDE 创建应用程序，可使用上述步骤中提供的相同链接并仅安装适用于.NET 的 AWS 开发工具包。

下面是使用.NET 低级 API 创建表的步骤：

(1) 创建 AmazonDynamoDBClient 类的实例。

(2) 创建 CreateTableRequest 类的实例，以提供请求信息。必须提供表名、主键及预配置的吞吐量值。

(3) 以参数形式提供请求对象，执行 AmazonDynamoDBClient.CreateTable 方法。

如图 6-3 所示，C#代码段执行的就是上述步骤，该例会创建一个表(ProductCatalog)，这个表将 Id 用作主键并使用预配置的一组吞吐量值。可以根据应用程序的要求，使用 UpdateTable API 更新预配置的吞吐量值。

```
AmazonDynamoDBClient client = new AmazonDynamoDBClient();
string tableName = "ProductCatalog";

var request = new CreateTableRequest
{
  TableName = tableName,
  AttributeDefinitions = new List<AttributeDefinition>()
  {
    new AttributeDefinition
    {
      AttributeName = "Id",
      AttributeType = "N"
    }
  },
  KeySchema = new List<KeySchemaElement>()
  {
    new KeySchemaElement
    {
      AttributeName = "Id",
      KeyType = "HASH"
    }
  },
  ProvisionedThroughput = new ProvisionedThroughput
  {
    ReadCapacityUnits = 10,
    WriteCapacityUnits = 5
  }
};

var response = client.CreateTable(request);
```

图 6-3　使用 C#代码段创建 DynamoDB 表

5. 下载适用于 PHP 的 AWS 开发工具包

要测试此开发人员指南中的 PHP 示例，需要有适用于 PHP 的 AWS 开发工具包。进入 http://aws.amazon.com/sdkforphp页面，并按照页面上的说明下载适用于 PHP 的 AWS。

下面是使用适用于 PHP 的 AWS 开发工具包创建表的步骤：

(1) 创建 DynamoDbClient 类的实例。

(2) 为客户端实例提供 CreateTable 操作的参数。必须提供表名、主键、属性类型定义及预配置的吞吐量值。

(3) 将响应加载到局部变量(例如在应用程序中使用的是$response)中。

如图 6-4 所示，PHP 代码段执行的就是以上步骤。该例会创建一个表(ProductCatalog)，这个表将 Id 用作主键并使用预配置的一组吞吐量值。可以根据应用程序的要求，使用 UpdateTable 方法更新预配置的吞吐量值。

```
use Aws\DynamoDb\DynamoDbClient;

$client = DynamoDbClient::factory(array(
    'profile' => 'default',
    'region' => 'us-west-2'  #replace with your desired region
));

$tableName = 'ExampleTable';

echo "# Creating table $tableName..." . PHP_EOL;

$result = $client->createTable(array(
    'TableName' => $tableName,
    'AttributeDefinitions' => array(
        array(
            'AttributeName' => 'Id',
            'AttributeType' => 'N'
        )
    ),
    'KeySchema' => array(
        array(
            'AttributeName' => 'Id',
            'KeyType' => 'HASH'
        )
    ),
    'ProvisionedThroughput' => array(
        'ReadCapacityUnits'    => 5,
        'WriteCapacityUnits' => 6
    )
));

print_r($result->getPath('TableDescription'));
```

图 6-4　使用 PHP 代码段创建 DynamoDB 表

6.4.2　创建示例表

案例 6-1：产品目录

假设想在 DynamoDB 中存储产品信息。存储的每件产品都有各自的属性集。因此，用户需要存储有关这些产品的各种不同信息。

创建的产品目录表将采用 Id 作为哈希主键存储产品(如书本、自行车)信息。Id 是数字属性，属于哈希类型主键，如表 6-3 所示。

表 6-3　ProductCatalog 表

表名	主键类型	哈希属性名称 和类型	范围属性名称 和类型	预配置吞吐量
ProductCatalog(Id, ...)	哈希	属性名称：Id 类型：数字	——	读取容量单位：10 写入容量单位：5

案例 6-2：论坛应用程序

假设开发者维护着多个论坛，客户可通过这些论坛加入开发人员社区，以及提问或回答其他客户的咨询。客户可以访问论坛，并且通过发布消息来发帖。一段时间后，每个帖子都会收到一条或多条回复，如表 6-4 所示。

表 6-4　Forum、Thread、Reply 表及预配置吞吐量

表名	主键类型	哈希属性名称和类型	范围属性名称和类型	预配置吞吐量
Forum(Name, ...)	哈希	属性名称：Name 类型：字符串	——	读取容量单位：10 写入容量单位：5
Thread(ForumName, Subject, ...)	哈希和范围	属性名称：ForumName 类型：字符串	属性名称：Subject 类型：字符串	读取容量单位：10 写入容量单位：5
Reply(Id, ReplyDate Time, ...)	哈希和范围	属性名称：Id 类型：字符串	属性名称：ReplyDateTime 类型：字符串	读取容量单位：10 写入容量单位：5

Reply 表包含的本地二级索引如表 6-5 所示。

表 6-5　Reply 表包含的本地二级索引

索引名称	要建立索引的属性	投影属性
PostedBy-index	PostedBy	Table and Index Keys

创建示例表的步骤如下：

(1) 登录 AWS 管理控制台，并通过以下网址打开 DynamoDB 控制台：https://console.amazonaws.cn/dynamodb/home?region=cn-north-1#，如图 6-5 所示。

(2) 单击创建表。此时会打开表创建向导。输入表名，选择表的主键。如果表的主键为"哈希和范围"类型，请指定哈希属性值并同时输入哈希属性和范围属性，如图 6-6 所示。

(3) 如果创建 Reply 表，将需要定义一个本地二级索引(local secondary index)。

借助本地二级索引，可以针对不属于主键的属性执行查询。假设要对 Reply 表的 PostedBy 属性创建本地二级索引，那么：

图 6-5　DynamoDB 控制台

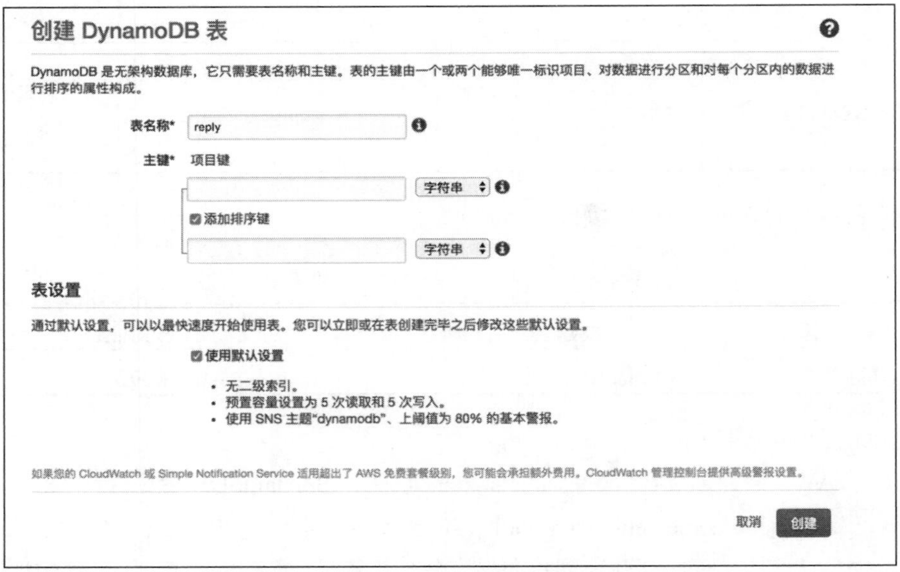

图 6-6　设置主键

a. 在"索引类型"字段中，选择"本地二级索引"选项。

b. 在"索引范围键"字段中，输入 PostedBy。

c 在"索引名称"字段中，接受默认名称 PostedBy-index。

d. 在"投影属性"字段中，选择表和索引键。

e. 单击"添加索引"按钮，如图 6-7 所示。

f. 单击"继续"按钮。

(4) 指定预配置吞吐量。

a. **在"创建表-预配置的容量"步骤中**，取消选中"帮助我估算预配置吞吐量"复选框。

根据预计的项目大小和读写请求速率配置相应的预配置吞吐量。成本与配置的预配置吞吐量有关联，如图 6-8 所示。

图 6-7　添加索引

图 6-8　预置吞吐量

b. 在**"读取容量单位"**字段中输入 10。在**"写入容量单位"**字段中输入 5，然后单击"继续"按钮。这些吞吐量值允许每秒钟最多进行 10 次 4 KB 读取操作和 5 次 1 KB 写入操作。

(5) 配置 CloudWatch 警报。

在**"创建表-创建警报"**(可选)向导中，选中"发送一个通知到 SNS 主题"复选框，如图 6-9 所示。

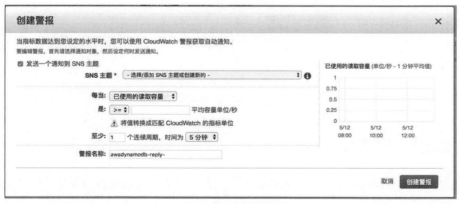

图 6-9　使用基本警报

此操作会自动将 CloudWatch 警报配置为：在表的消耗量达到预配置吞吐量的 80%时向你发送通知。默认情况下，该警报被设置为向你在创建表时使用的 AWS 账户电子邮件地址发送一封电子邮件。

使用控制台删除表时，可以选择删除关联的 CloudWatch 警报。

(6) 单击创建表。

重复此步骤以创建使用案例所需的数据表，包括：

● 产品目录和使用案例。

● 论坛应用程序中介绍的其余表。

控制台将显示表的列表。必须等待所有表的状态均变为活跃的。控制台(Monitoring)还会显示详细信息、监控和警报设置选项卡，其中提供了有关所选表的更多信息，如图 6-10 所示。

图 6-10　完成表的创建

6.4.3　加载示例数据

在此步骤中，将向读者展示如何将数据上传到创建的表。可以选择要用于探索 DynamoDB 的应用程序开发平台。

完成此操作后，可以使用 DynamoDB 控制台验证数据上传。

使用适用于 Java 的 AWS 开发工具包向表中加载数据

在之前的步骤中，我们使用控制台创建了示例表。现在，可以将示例数据上传到这些表中。下面的 Java 代码示例使用了适用于 Java 的 AWS 开发工具包来上传示例数据，本次加载默认读者已经配置好了 AWS 访问密钥且设置好了终端节点：

```java
// Copyright 2012-2015 Amazon.com, Inc. or its affiliates. All Rights Reserved.
// Licensed under the Apache License, Version 2.0.
package com.amazonaws.codesamples;

import java.text.SimpleDateFormat;
import java.util.Arrays;
import java.util.Date;
import java.util.HashSet;
import java.util.TimeZone;

import com.amazonaws.AmazonServiceException;
import com.amazonaws.auth.profile.ProfileCredentialsProvider;
import com.amazonaws.services.dynamodbv2.AmazonDynamoDBClient;
import com.amazonaws.services.dynamodbv2.document.DynamoDB;
import com.amazonaws.services.dynamodbv2.document.Item;
import com.amazonaws.services.dynamodbv2.document.Table;

public class GettingStartedLoadData {

    static DynamoDB dynamoDB = new DynamoDB(new AmazonDynamoDBClient(
            new ProfileCredentialsProvider()));
    static SimpleDateFormat dateFormatter = new SimpleDateFormat("yyyy-
MM-dd'T'HH:mm:ss.SSS'Z'");
    static String productCatalogTableName = "ProductCatalog";
    static String forumTableName = "Forum";
    static String threadTableName = "Thread";
    static String replyTableName = "Reply";

    public static void main(String[] args) throws Exception {

        try {

            loadSampleProducts(productCatalogTableName);
            loadSampleForums(forumTableName);
            loadSampleThreads(threadTableName);
            loadSampleReplies(replyTableName);
```

```
        } catch(AmazonServiceException ase) {
            System.err.println("Data load script failed.");
        }
    }

    private static void loadSampleProducts(String tableName) {

        Table table = dynamoDB.getTable(tableName);

        try {

            System.out.println("Adding data to " + tableName);

            Item item = new Item()
                .withPrimaryKey("Id", 101)
                .withString("Title", "Book 101 Title")
                .withString("ISBN", "111-1111111111")
                .withStringSet("Authors",
                    new HashSet<String>(Arrays.asList("Author1")))
                .withNumber("Price", 2)
                .withString("Dimensions", "8.5 x 11.0 x 0.5")
                .withNumber("PageCount", 500)
                .withBoolean("InPublication", true)
                .withString("ProductCategory", "Book");
            table.putItem(item);

            item = new Item()
                .withPrimaryKey("Id", 102)
                .withString("Title", "Book 102 Title")
                .withString("ISBN", "222-2222222222")
                .withStringSet("Authors", new HashSet<String>(
                    Arrays.asList("Author1", "Author2")))
                .withNumber("Price", 20)
                .withString("Dimensions", "8.5 x 11.0 x 0.8")
                .withNumber("PageCount", 600)
                .withBoolean("InPublication", true)
                .withString("ProductCategory", "Book");
            table.putItem(item);

            item = new Item()
                .withPrimaryKey("Id", 103)
                .withString("Title", "Book 103 Title")
```

```
        .withString("ISBN", "333-3333333333")
        .withStringSet("Authors", new HashSet<String>(
            Arrays.asList("Author1", "Author2")))
        // Intentional. Later we'll run Scan to find price error. Find
        // items > 1000 in price.
        .withNumber("Price", 2000)
        .withString("Dimensions", "8.5 x 11.0 x 1.5")
        .withNumber("PageCount", 600)
        .withBoolean("InPublication", false)
        .withString("ProductCategory", "Book");
table.putItem(item);

// Add bikes.

item = new Item()
    .withPrimaryKey("Id", 201)
    .withString("Title", "18-Bike-201")
    // Size, followed by some title.
    .withString("Description", "201 Description")
    .withString("BicycleType", "Road")
    .withString("Brand", "Mountain A")
    // Trek, Specialized.
    .withNumber("Price", 100)
    .withString("Gender", "M")
    // Men's
    .withStringSet("Color", new HashSet<String>(
        Arrays.asList("Red", "Black")))
    .withString("ProductCategory", "Bicycle");
table.putItem(item);

item = new Item()
    .withPrimaryKey("Id", 202)
    .withString("Title", "21-Bike-202")
    .withString("Description", "202 Description")
    .withString("BicycleType", "Road")
    .withString("Brand", "Brand-Company A")
    .withNumber("Price", 200)
    .withString("Gender", "M")
    .withStringSet("Color", new HashSet<String>(
        Arrays.asList("Green", "Black")))
    .withString("ProductCategory", "Bicycle");
table.putItem(item);
```

```
        item = new Item()
            .withPrimaryKey("Id", 203)
            .withString("Title", "19-Bike-203")
            .withString("Description", "203 Description")
            .withString("BicycleType", "Road")
            .withString("Brand", "Brand-Company B")
            .withNumber("Price", 300)
            .withString("Gender", "W")
            // Women's
            .withStringSet("Color", new HashSet<String>(
                Arrays.asList("Red", "Green", "Black")))
            .withString("ProductCategory", "Bicycle");
    table.putItem(item);

        item = new Item()
            .withPrimaryKey("Id", 204)
            .withString("Title", "18-Bike-204")
            .withString("Description", "204 Description")
            .withString("BicycleType", "Mountain")
            .withString("Brand", "Brand-Company B")
            .withNumber("Price", 400)
            .withString("Gender", "W")
            .withStringSet("Color", new HashSet<String>(
                Arrays.asList("Red")))
            .withString("ProductCategory", "Bicycle");
    table.putItem(item);

        item = new Item()
            .withPrimaryKey("Id", 205)
            .withString("Title", "20-Bike-205")
            .withString("Description", "205 Description")
            .withString("BicycleType", "Hybrid")
            .withString("Brand", "Brand-Company C")
            .withNumber("Price", 500)
            .withString("Gender", "B")
            // Boy's
            .withStringSet("Color", new HashSet<String>(
                Arrays.asList("Red", "Black")))
            .withString("ProductCategory", "Bicycle");
    table.putItem(item);

} catch(Exception e) {
    System.err.println("Failed to create item in " + tableName);
```

```
                System.err.println(e.getMessage());
        }

    }

    private static void loadSampleForums(String tableName) {

        Table table = dynamoDB.getTable(tableName);

        try {

            System.out.println("Adding data to " + tableName);

            Item item = new Item().withPrimaryKey("Name", "Amazon DynamoDB")
                .withString("Category", "Amazon Web Services")
                .withNumber("Threads", 2)
                .withNumber("Messages", 4)
                .withNumber("Views", 1000);
            table.putItem(item);

            item = new Item().withPrimaryKey("Name", "Amazon S3")
                .withString("Category", "Amazon Web Services")
                .withNumber("Threads", 0);
            table.putItem(item);

        } catch(Exception e) {
            System.err.println("Failed to create item in " + tableName);
            System.err.println(e.getMessage());
        }
    }

    private static void loadSampleThreads(String tableName) {
        try {
            long time1 = (new Date()).getTime() - (7 * 24 * 60 * 60 * 1000); // 7
            // days
            // ago
            long time2 = (new Date()).getTime() - (14 * 24 * 60 * 60 * 1000); // 14
            // days
            // ago
            long time3 = (new Date()).getTime() - (21 * 24 * 60 * 60 * 1000); // 21
            // days
            // ago
```

```
Date date1 = new Date();
date1.setTime(time1);

Date date2 = new Date();
date2.setTime(time2);

Date date3 = new Date();
date3.setTime(time3);

dateFormatter.setTimeZone(TimeZone.getTimeZone("UTC"));

Table table = dynamoDB.getTable(tableName);

System.out.println("Adding data to " + tableName);

Item item = new Item()
    .withPrimaryKey("ForumName", "Amazon DynamoDB")
    .withString("Subject", "DynamoDB Thread 1")
    .withString("Message", "DynamoDB thread 1 message")
    .withString("LastPostedBy", "User A")
    .withString("LastPostedDateTime", dateFormatter.format(date2))
    .withNumber("Views", 0)
    .withNumber("Replies", 0)
    .withNumber("Answered", 0)
    .withStringSet("Tags", new HashSet<String>(
        Arrays.asList("index", "primarykey", "table")));
table.putItem(item);

item = new Item()
    .withPrimaryKey("ForumName", "Amazon DynamoDB")
    .withString("Subject", "DynamoDB Thread 2")
    .withString("Message", "DynamoDB thread 2 message")
    .withString("LastPostedBy", "User A")
    .withString("LastPostedDateTime", dateFormatter.format(date3))
    .withNumber("Views", 0)
    .withNumber("Replies", 0)
    .withNumber("Answered", 0)
    .withStringSet("Tags", new HashSet<String>(
        Arrays.asList("index", "primarykey", "rangekey")));
table.putItem(item);

item = new Item()
```

```
                .withPrimaryKey("ForumName", "Amazon S3")
                .withString("Subject", "S3 Thread 1")
                .withString("Message", "S3 Thread 3 message")
                .withString("LastPostedBy", "User A")
                .withString("LastPostedDateTime", dateFormatter.format(date1))
                .withNumber("Views", 0)
                .withNumber("Replies", 0)
                .withNumber("Answered", 0)
                .withStringSet("Tags", new HashSet<String>(
                    Arrays.asList("largeobjects", "multipart upload")));
            table.putItem(item);

        } catch(Exception e) {
            System.err.println("Failed to create item in " + tableName);
            System.err.println(e.getMessage());
        }

    }

    private static void loadSampleReplies(String tableName) {
        try {
            // 1 day ago
            long time0 = (new Date()).getTime() - (1 * 24 * 60 * 60 * 1000);
            // 7 days ago
            long time1 = (new Date()).getTime() - (7 * 24 * 60 * 60 * 1000);
            // 14 days ago
            long time2 = (new Date()).getTime() - (14 * 24 * 60 * 60 * 1000);
            // 21 days ago
            long time3 = (new Date()).getTime() - (21 * 24 * 60 * 60 * 1000);

            Date date0 = new Date();
            date0.setTime(time0);

            Date date1 = new Date();
            date1.setTime(time1);

            Date date2 = new Date();
            date2.setTime(time2);

            Date date3 = new Date();
            date3.setTime(time3);

            dateFormatter.setTimeZone(TimeZone.getTimeZone("UTC"));
```

```
        Table table = dynamoDB.getTable(tableName);

        System.out.println("Adding data to " + tableName);

        // Add threads.

        Item item = new Item()
            .withPrimaryKey("Id", "Amazon DynamoDB#DynamoDB Thread 1")
            .withString("ReplyDateTime", (dateFormatter.format(date3)))
            .withString("Message", "DynamoDB Thread 1 Reply 1 text")
            .withString("PostedBy", "User A");
        table.putItem(item);

        item = new Item()
            .withPrimaryKey("Id", "Amazon DynamoDB#DynamoDB Thread 1")
            .withString("ReplyDateTime", dateFormatter.format(date2))
            .withString("Message", "DynamoDB Thread 1 Reply 2 text")
            .withString("PostedBy", "User B");
        table.putItem(item);

        item = new Item()
            .withPrimaryKey("Id", "Amazon DynamoDB#DynamoDB Thread 2")
            .withString("ReplyDateTime", dateFormatter.format(date1))
            .withString("Message", "DynamoDB Thread 2 Reply 1 text")
            .withString("PostedBy", "User A");
        table.putItem(item);

        item = new Item()
            .withPrimaryKey("Id", "Amazon DynamoDB#DynamoDB Thread 2")
            .withString("ReplyDateTime", dateFormatter.format(date0))
            .withString("Message", "DynamoDB Thread 2 Reply 2 text")
            .withString("PostedBy", "User A");
        table.putItem(item);

    } catch(Exception e) {
      System.err.println("Failed to create item in " + tableName);
      System.err.println(e.getMessage());

    }
  }

}
```

6.4.4　开始查询

使用 DynamoDB 的控制台执行查询。

(1) 访问 https://console.amazonaws.cn/dynamodb/home 页面，打开 DynamoDB 的控制台。如果尚未登录，系统会在显示控制台之前显示登录对话框。

(2) 在表窗格中，选择"Reply 表"并单击"浏览表"按钮，如图 6-11 所示。

Amazon DynamoDB 表						
筛选:	浏览表　创建表　创建索引　修改吞吐量　删除表　　　　访问控制					第 1-4 (共 4 项)
▲ 名称	状态	哈希键		范围键	读取吞吐量总和	写入吞吐量总和
Forum	活跃的	Name		-	10	5
ProductCatalog	活跃的	Id		-	10	5
Reply	活跃的	Id		ReplyDateTime	10	5
Thread	活跃的	ForumName		Subject	10	5

图 6-11　浏览 Reply 表

(3) 在"浏览项目"选项卡中，单击"查询"选项。

控制台将显示数据输入字段，可以指定哈希和范围主键(哈希键和范围键)的值。还会显示下拉列表框，可以从中选择比较运算符。

　　查询操作仅适用于具有哈希和范围类型主键的表。如果浏览具有哈希类型主键的表，控制台会显示获取而不显示查询。

(4) 指定哈希键和范围键的值，然后选择比较运算符，如图 6-12 所示。对于哈希键，输入 Amazon DynamoDB#DynamoDB Thread 1。对于范围键(ReplyDateTime)，将条件设置为"大于"，然后输入当天日期 15 天前的日期，使用 YYYY-MM-DD 日期格式。

　　屏幕上显示的范围键值仅供演示之用。你使用的日期值取决于上传示例数据的时间。

图 6-12　Reply 表浏览项目

(5) 单击"开始：浏览项目"选项卡，将显示查询结果。

6.5 DynamoDB 的最佳实践

6.5.1 表的最佳实践

DynamoDB 表分布在多个分区中。为了获取最佳结果，在设计表格和应用程序的时候尽量将读取和写入操作平均分布在表的所有项目上，以避免产生会降低性能的 I/O "热点"。

1. 表内项目间的统一数据访问设计

表的预配置吞吐量的最佳使用情况取决于两个因素：主键选择和单个项目的工作负载模式。

主键将唯一标识表中的每个项目，可将主键定义为一个属性(哈希类型)或两个属性(哈希类型和范围类型)。

在存储数据时，DynamoDB 会将表的项目分配至多个分区，数据的分布主要是根据哈希键元素进行的。与表关联的预配置吞吐量也会在这些分区之间平均分配，不存在跨分区共享的预配置吞吐量。

因此，要全额获取为表预配置的请求吞吐量，请让工作量在哈希键值之间均匀分布。

例如，如果表的少数几个哈希键元素的访问量非常大，或者有单个哈希键元素的使用量非常大，那么请求流量将集中在少数几个分区上，甚至可能只在一个分区上。如果工作负载严重不均衡(即不成比例地集中在一个或几个分区上)，请求将无法达到总体的预配置吞吐量级别。

表 6-6 比较了一些常见的哈希键架构的预配置吞吐量的效率。

表 6-6   常见哈希键架构效率对比

哈希键值	均一
用户 ID，应用程序中有许多用户	好
状态代码，只有几个可用的状态代码	差
项目创建日期，四舍五入至最近的时间段(例如天、小时、分钟)	差
设备 ID，每台设备以相对类似的间隔访问数据	好
设备 ID，被跟踪的设备有很多，但到现在为止，其中某台设备比其他所有设备更加常用	差

2. 了解分区行为

DynamoDB 自动为你管理表分区，随着表大小的增长会添加新分区。表中分区的数量取决于表的存储需求及其预配置吞吐量需求。

需要的分区数仅取决于表大小：

分区数表大小 = 表大小(字节数)/10GB

需要的分区数量仅基于表的预配置读取和写入吞吐量设置：

分区数吞吐量 =(读取容量单位/3000)+(写入容量单位/1000)

例如，假设预配了具有 1000 个读取容量单位和 500 个写入容量单位的表。在这种情况下，分区数吞吐量将为：

(1000/3000) + (500/1000) = 0.8333

DynamoDB 分配的分区总数：

分区总数 = MAX(分区数表大小|分区数吞吐量)

3. 谨慎使用突增容量

DynamoDB 在按分区的吞吐量预配置方面提供了一些灵活性：对于某个分区的没有完全利用到的吞吐量，DynamoDB 会保留一部分这些未使用的容量，以便应对以后吞吐量使用"突增"的情况。

DynamoDB 当前预留最多 5 分钟(300 秒)未使用的读取和写入容量。在偶尔出现读取或写入活动突增期间，可能会快速消耗预留的这些吞吐量，甚至超过为表定义的每秒预配置吞吐容量。但是，请不要将应用程序设计为依赖于总是有可用的突增容量，DynamoDB 会在未事先通知的情况下将突增容量用于后台维护和其他任务。

4. 在数据上传期间分散写入活动

很多时候，用户需要将数据从其他数据源加载到 DynamoDB。通常情况下，DynamoDB 会将表的数据分布到多个分区的服务器上。这样可以提升向表中上传数据的性能(如果同时向所分配的所有服务器上传数据的话)。例如，假设要将用户消息上传到某个 DynamoDB 表。用户可能设计了一个使用哈希类型和范围类型主键的表,并在该表中使用 UserID 作为哈希属性,使用 MessageID 作为范围属性。从源文件上传数据时,可能倾向于读取某个特定用户的所有消息项目,并将这些项目上传到 DynamoDB,如表 6-7 所示。

表 6-7   哈希范围示例表

UserID	MessageID
U1	1
U1	2
U1	...
U1	...直到 100
U2	1
U2	2
U2	...
U2	...直到 200

这种情况下存在的问题是,未在 DynamoDB 的哈希键值之间分散写入请求。每次采用一个哈希键,并在转至下一个哈希键项目之前上传该哈希键的所有项目。优化后,如表 6-8 所示。

表 6-8   优化后的哈希范围示例表

UserID	MessageID
U1	1
U2	1
U3	1
...	....
U1	2
U2	2
U3	2
...	...

5. 了解时间序列数据的访问模式

对于用户创建的每一个表,都要为其指定吞吐量要求。DynamoDB 会分配和预留资源,以保证持续低延迟地处理用户的吞吐量要求。在设计应用程序和表时,应当考虑应用程序的

· 100 ·

访问模式，以最有效的方式使用表的资源。

假设用户设计了一个表来跟踪客户在网站上的行为(例如单击 URL)。你可能将该表设计为具有哈希类型和范围类型的主键，且将客户 ID 作为哈希属性，将日期/时间作为范围属性。在此应用程序中，客户数据会随着时间的推移而无限增长；但是，该表所有项目的访问模式可能在该应用程序中并不均等。靠近当前日期的客户数据会有更大的相关性，并且应用程序对靠近当前日期的项目访问更加频繁，但是随着时间的推移对这些项目的访问会有所减少，最终较早的项目会很少被访问到。如果这是一种已知的访问模式，那么在设计表的架构时应当将此因素考虑在内。这样就可以使用多个表来存储项目，而不是将所有这些项目都存储在一个表中。例如，可以创建存储每月或每周数据的表。对于存储最近一个月或一周数据的表，由于其访问率很高，可以请求较高的吞吐量；而对于存储较早的数据的表，可以将吞吐量调低以节省资源。

6. 缓存常用项目

用户的表中可能有些项目比其他项目更常用。例如，之前介绍的 ProductCatalog 表，假设此表包含数百万种不同产品。某些产品可能是经常使用的，所以这些项目的访问频率一直比其他项目高。因此，ProductCatalog 上读取活动的分布会高度偏向这些常用项目。

一种解决方案是将这些读取缓存在应用程序层。缓存是很多高吞吐量应用程序中使用的技术，将热点项目的读取活动转移到缓存而不是数据库。应用程序可以将最常用的项目缓存在内存中，或使用 ElastiCache 这样的产品实现。

当客户从该表请求某一项目时，应用程序将首先在缓存中查找，查看缓存中是否存在该项目的副本。如果有，则表示缓存命中；否则表示缓存未命中。当缓存未命中时，应用程序需要从 DynamoDB 读取项目并在缓存中存储该项目的副本。随着时间的推移，缓存中充满最常用的项目，缓存未命中率降低；应用程序就不需要为这些项目访问 DynamoDB 了。

缓存解决方案可以缓解对常用项目的偏向读取活动。此外，因为缓存会减少针对表的读取活动数量，所以有助于降低使用 DynamoDB 的总体成本。

7. 在调整预配置吞吐量时考虑使用均一工作负载

对于使用均匀工作负载的应用程序，DynamoDB 分区分配活动不明显。正如"谨慎使用突增容量"中所述，临时的不均衡工作负载通常可以被突增容量吸收。但是，如果应用程序必须存在经常的不均衡的工作负载，那么应该根据 DynamoDB 的分区行为来设计表，并谨慎增加和减少该表的预配置吞吐量。

如果降低表的预配置吞吐量，DynamoDB 不会减少分区数。假设创建的表具有的吞吐量远超应用程序的实际需求，然后在一段时间过后减少了预配置吞吐量。在这种情况下，相比最初使用较低吞吐量来创建该表的情况，每个分区的预配置吞吐量会更低。

例如，用户需要将 2000 万个项目批量加载到 DynamoDB 表中。假定每个项目的大小为 1KB，这会生成 20GB 的数据。这个批量加载任务总共需要 2000 万个写入容量单位。要在 30 分钟内执行此数据加载，用户需要将表的预配置写入吞吐量设置为 11000 个写入容量单位。

分区的最大写入吞吐量为 1000 个写入容量单位。因此，DynamoDB 将创建 11 个分区，每个分区具有 1000 个预配置写入容量单位。

在批量数据加载之后，用户的稳定运行写入吞吐量需求可能会低得多。例如，假设应用程序只需要每秒 200 次写入。如果将表的预配置吞吐量减少到此级别，那么这 11 个分区中的每个分区将预配置为大约每秒 20 个写入容量单位。每个分区的这一预配置吞吐量级别与 DynamoDB 的突增行为相结合，应该足以满足应用程序的需求。

但是，如果应用程序需要持续保持每个分区每秒超过 20 次的写入吞吐量，那么应该：(a)设计一个架构，每个哈希键每秒需要的写入次数更少，或者(b)设计批量数据加载，使其运行速度更低，从而减少初始吞吐量需求。例如，假设可以接受运行时间超过 3 个小时而不是 30 分钟的批量导入。在这种情况下，只需要预配置每秒 1900 个而不是 11000 个写入容量单位。因此，DynamoDB 只会为表创建两个分区。

8. 大规模测试应用程序

许多表在一开始只有少量数据，但是随着应用程序执行写入活动而增大。这种增长可能是循序渐进的，不会超出为表定义的预配置吞吐量设置。随着表的增大，DynamoDB 会通过将数据分布到更多分区中来自动扩展表。出现这种情况时，分配给生成的每个分区的预配置吞吐量低于为原始分区分配的预配置吞吐量。

要在表增大时避免出现"热点"键问题，请确保对应用程序设计开展大规模测试。如果无法生成大量的测试数据，可以创建具有非常高的预配置吞吐量设置的表。这会创建带有大量分区的表，然后可以使用 UpdateTable 来减少设置，但保持在大规模运行应用程序时确定的相同存储与吞吐量的比率。现在，表具有预期在大规模增长之后的每分区吞吐量比率。使用真实的工作负载在此表上测试应用程序。

6.5.2　项目最佳实践

DynamoDB 项目的大小是有限制的。然而，表中项目的数量没有限制。不要将大型数据属性值存储在一个项目中，而是考虑使用下面提到的应用程序设计方案。

1. 使用一对多表而不是大型属性集合

如果一个表中的项目存储了很多集合类型属性(例如数字集或字符串集)，请考虑删除该属性并将该表分成两个表。要在这些表之间形成一对多关系，请使用主键。

前面提到的 Forum、Thread 和 Reply 表就是这种一对多关系的绝佳示例。例如，在 Thread 表中，每个项目都对应一个论坛主题，在 Reply 表中存储了针对每个主题的一个或多个回复。

2. 使用多个表支持多样化的访问模式

如果频繁访问 DynamoDB 表中的大量项目，但不是经常使用项目的所有较大属性，可以将较小、访问频率较高的属性存储为单独表中的独立项目，从而提高效率并均衡工作负载。

例如前面介绍的 ProductCatalog 表，这个表中的项目包含基本产品信息(例如，产品名称和描述)。此信息更改频率较低，但是应用程序每次显示用户的产品时都会使用该信息。如果应用程序还需要跟踪快速更改的产品属性(例如价格和供应范围)，那么可以将此信息存储在名为 ProductAvailability 的独立表中。此方法可以最大限度地降低更新的吞吐量成本。为举例说明，我们假设 ProductCatalog 中项目的大小为 3KB，且该项目的价格和供应范围为 300 字节。在此情况下，这些快速更改属性的更新将占用三个容量单位，与更新其他产品属性的成本相同。现在，假设价格和供应范围信息存储在 ProductAvailability 表中。这样一来，更新信息将仅占用一个写入容量单位。

3. 压缩大属性值

如果值很大，在将值存储到 DynamoDB 之前，用户可以对其进行压缩。执行此操作可以降低存储和检索此类数据的成本。压缩演算法(例如 GZIP 或 LZO)会产生二进制数据输出。然后，可以将此输出数据存储在 Binary 类型属性中。

例如，在前面的 Reply 表中存储论坛用户写入的消息。这些用户回复可能包括非常长的文本字符串，这些内容最适合压缩。

4. 在 Amazon S3 中存储大属性值

目前，DynamoDB 会限制存储在表中的项目的大小。然而，用户的应用程序可能需要在某一项目中存储超出 DynamoDB 大小上限的数据。要解决此问题，可以将大属性存储为 Amazon S3 中的对象，并在项目中存储对象标识符。还可以在 Amazon S3 中使用对象元数据支持，将相应项目的主键值存储为 Amazon S3 对象元数据。使用元数据有助于日后维护 Amazon S3 元数据。

5. 将大属性划分到多个项目中

如果需要在单个项目中存储大于 DynamoDB 所允许上限的数据，那么可以在多个项目中存储该数据，将其作为大型"虚拟项目"数据块。要获取最佳结果，请将数据块存储在单独的哈希架构表中，并使用批量 API 调用来读取和写入数据块。此方法有助于在表分区中保持工作负载均匀分布。

6.5.3　查询和扫描最佳实践

突发的意外读取活动会快速消耗表或 Global Secondary Index 的预配置读取容量。此外，如果此类活动并不是均匀分布在表的分区中，执行效率也会非常低下。

1. 避免读取活动量陡增

创建表时，用户需要设置读取和写入容量单位要求。读取容量单位通过每秒强一致性 4KB 数据读取请求的数量来表示。一个最终一致性读取容量单位是每秒 2 个 4KB 读取请求。默认情况下，Scan 操作执行最终一致性读取，可返回最多 1MB(一页)数据。因此，单个 Scan 请求可占用(1MB 页面大小/4KB 项目大小)/2(最终一致性读取)=128 个读取操作。如果改为请求强一致性读取，则 Scan 操作占用的吞吐量是预配置吞吐量的两倍，即 256 次读取操作。

这表示相较于为表配置的读取容量，使用量陡增。这种由扫描引起的扫描占用容量单位的使用情况，会阻止同一个表的其他可能更为重要的请求使用可用的容量单位。因此，这些请求可能会造成 ProvisionedThroughputExceeded 异常。

请注意，问题不仅仅在于 Scan 使用的容量单位陡增。由于扫描请求的读取项目在分区中彼此相邻，因此扫描很可能会占用同一分区中的所有容量单位，这也会带来问题。这意味着，请求一直调用相同的分区，导致该分区的所有容量单位用尽，进而限制该分区中的其他请求。如果数据读取请求分散在多个分区之中，这一操作就不会给特定分区带来限制。

建议：降低页面大小，隔离扫描操作。

2. 利用并行扫描

很多应用程序都可以从使用并行 Scan 操作(而非按顺序扫描)中获益。例如，如果要处理含有历史数据的大型表，应用程序使用并行扫描比按顺序扫描的速度快得多。后台"清理程序"进程中的多个工作线程可以对优先级比较低的表进行扫描，而不影响生产流量。在每个示例中，并行 Scan 的使用并不会限制其他应用程序的预配置吞吐量资源。

尽管并行扫描比较有利，但是它可能需要大量预配置吞吐量。使用并行扫描后，应用程序就可以有多个工作线程全部同时运行 Scan 操作，这样就会以极快的速度用尽表的所有预配置读取容量。在这种情况下，需要访问此表的其他应用程序就有可能受到限制。

如果满足以下条件，就可以选择并行扫描：

- 表的大小为 20GB 或更大。
- 表的预配置读取吞吐量尚未完全利用。
- 按顺序执行的 Scan 操作速度过慢。

6.5.4　Local Secondary Index 最佳实践

可以通过 Local Secondary Index 为表定义备选范围键。然后，除了表的哈希键外，还可以针对这些范围键发出查询请求。

1. 谨慎使用索引

请勿对不常查询的属性创建 Local Secondary Index。对于那些更新频率低，并且通过多个不同条件进行查询的表，创建和维护多个索引才有意义。然而，如果索引被闲置，就会增加存储和 I/O 成本，并且无益于应用程序性能。

因此，对于写入活动工作量很大的表(例如数据捕获应用程序中使用的表)，请避免使用索引。维护索引所需的 I/O 操作成本非常高。如果需要为此类表中的数据编制索引，请将数据复制到包含必要索引的另外一个表中，并对其进行查询。

2. 慎重选择投影

由于 Local Secondary Index 会占用存储空间和预配置吞吐量，因此应尽可能地减少索引的大小。此外，相较于查询整个表，索引越小，性能优势越明显。如果查询通常只返回很少一部分属性，并且这些属性的总和远远少于整个项目的大小，那么应当只投影经常请求的属性。

只有当需要让查询返回整个表项目，同时还要按不同的范围键对表排序时，才应指定ALL。对所有属性编制索引后就不会再需要表抓取，但在大多数情况下，这样会使得存储和写入活动成本加倍。

3. 优化频繁查询以避免抓取

要在延迟尽可能低的前提下以最快速度完成查询，用户可以投影自己认为查询应当会返回的所有属性。如果查询了某个索引，但是并未投影所请求的属性，那么 DynamoDB 就会从表中抓取所请求的属性。为了实现这一目的，DynamoDB 必须从表中读取整个项目，这样就会带来延迟和产生其他 I/O 操作。

如果只是偶尔执行某些查询，觉得没必要投影请求的所有属性，那么这个时候应当注意，这些"偶然"查询经常会转变成"必要"查询。你可能会后悔没有投影这些属性。

4. 利用稀疏索引

只有当项目中存在索引范围键属性值时，DynamoDB 才会写入相应的索引条目，表中的所有项目都是如此。如果范围键属性并未出现在每个表项目中，则这种索引被称为稀疏索引。

对大多数表项目中都不存在的属性执行查询时，使用稀疏索引很有好处。例如，假如有一个 CustomerOrders 表，其中存储了你的所有订单，该表的键属性如下：

- 哈希键：CustomerId
- 范围键：OrderId

如果只想跟踪未结订单，就可以使用名为 IsOpen 的属性。如果还没收到订单，那么应用程序可以通过在表中为该特定项目写入"X"(或任意其他值)来定义 IsOpen。当订单到达时，应用程序可以删除 IsOpen 属性，表示已完成该订单。

要跟踪未结订单，可以对 CustomerId(哈希)和 IsOpen(范围)创建索引。索引中只会显示表中定义了 IsOpen 的订单。然后，应用程序就可以通过查询该索引快速高效地找到相应的未结订单。例如，如果有数以千计的订单，但是只有少量订单处于未结状态，那么应用程序就可以查询相应的索引，并返回每个未结订单的 OrderId。相较于扫描整个 CustomerOrders 表，应用程序执行的读取操作数量将显著减少。

5. 注意扩展项目集合

项目集合是指表中的所有项目及其具有相同哈希键的索引。项目集合不能超过 10GB，因此特定的哈希键可能会没有可用空间。

当添加或更新表项目时，DynamoDB 会更新受影响的所有 Local Secondary Index。如果表中定义了具有检索的属性，那么索引会随着表而扩展。当创建索引时，请考虑要向索引中写入的数据量，以及有多少数据具有相同的哈希键。如果预计特定哈希键的表和索引项目之和会超过 10 GB，就应考虑是否可以避免创建该索引。

如果不能避免创建此索引，那么就需要预计项目集合大小限制，并在超过该限制之前采取措施。

6.5.5　Global Secondary Index 最佳实践

Global Secondary Index 允许用户定义表的替代键属性；这些属性不必与表的键属性相同。可以针对 Global Secondary Index 键字段发出查询请求，正如查询表时一样。

1. 选择一个可以提供均匀工作负载的键

在创建 DynamoDB 表时，在整个表中均匀分配读取和写入活动十分重要。为此，应选择哈希和范围键的属性，以便在多个分区间均匀分布数据。

这条准则同样适用于 Global Secondary Index。请选择相对于索引中的项目数具有较多值的哈希和范围键。另外请注意，Global Secondary Index 不强制唯一性，因此，需要了解这些键属性的基数。基数是指特定属性中的不同值数相对于所拥有项目的数目。

例如，假设有一个 Employee 表，它包含 Name、Title、Address、PhoneNumber、Salary 和 PayLevel 等属性。现在，假设有一个名为 PayLevelIndex 的 Global Secondary Index，其中，PayLevel 是哈希键。许多公司仅有数目很少的薪资代码，通常远少于 10 个，即使是有数十万名员工的公司也是如此。对于应用程序而言，这种索引没有什么益处，甚至毫无用处。

使用 PayLevelIndex 的另一个问题是不同值的分配不均匀。例如，公司中可能仅有几位高管，但有大量临时工。对 PayLevelIndex 的查询效率欠佳，因为读取活动不会在各个分区之间平均分布。

2. 利用稀疏索引

对于表中的任何项目，DynamoDB 仅在该项目中存在索引键值时才会将相应条目写入 Global Secondary Index。对于 Global Secondary Index，这是索引哈希键及其范围键(如果存在的话)。如果索引键值不是出现在每个表项目中，该索引将被认为是稀疏索引。

可以使用稀疏 Global Secondary Index 有效查找具有不常见属性的表项目。例如，在 GameScores 表中，某些玩家可能已取得了一定的游戏成绩(如“Champ”)，但大多数玩家还没有。可以创建一个含有哈希键 Champ 和范围键 UserId 的 Global Secondary Index，而不是扫描整个 GameScores 表以寻找 Champ。这样可方便地通过查询索引(而不是扫描表)来找到所有 Champ。

这种查询非常高效，因为索引中的项目数远远少于表中的项目数。另外，投影到索引中的表属性越少，从索引消耗的读取容量单位就越少。

3. 使用 Global Secondary Index 进行快速查找

可以使用任何表属性对索引哈希和范围键创建 Global Secondary Index，甚至可以创建与表具有完全相同的键属性的索引，仅投影非键属性的一个子集。

具有相同主键模式的 Global Secondary Index 的一个使用案例，是以最低预配置吞吐量快速查找表数据。如果表有大量属性，并且这些属性本身很大，那么对表的每个查询都可能占用大量读取容量。如果大多数查询不需要返回那么多数据，那么可以创建最少属性投影(甚至无任何投影属性)的 Global Secondary Index，甚至不投影除了主键外的任何属性。这样就可以查询小得多的 Global Secondary Index，并且如果确实需要其他属性，可以随后使用相同的键值来查询表。

4. 创建一个最终一致性只读副本

可以通过创建与表具有相同键架构并且部分(或全部)非键属性被投影到索引中的 Global Secondary Index。在应用程序中，可将部分(或全部)读取活动定向到此索引而不是表。这样，无须修改表上的预配置读取容量就能响应增加的读取活动。请注意，在写入表和数据出现在索引之间时会有一个较短的延迟；在从索引读取时，应用程序应该预期数据的最终一致性。

也可以根据需要创建多个 Global Secondary Index，以支持应用程序的特性。例如，假设有两个读取特性截然不同的应用程序：一个需要最高读取性能的高优先级应用程序，以及一个可容忍读取活动偶尔受限的低优先级应用程序。如果这两个应用程序均读取同一个表，它们可能会互相干扰：低优先级应用程序中需要执行大量读取操作的负载可能会占用该表的所有可用读取容量，这会导致高优先级应用程序的读取活动受到限制。如果创建两个 Global Secondary Index，一个具有较高的预配置读取吞吐量设置，另一个具有较低的预配置读取吞吐量设置，就可以有效理清这两个不同的工作负载，来自每个应用程序的读取活动均被重定向到各自的索引。通过此方法，可以根据每个应用程序的读取特征定制预配置的读取吞吐量。

第 7 章　AWS Elastic Beanstalk

7.1　什么是 AWS Elastic Beanstalk

Elastic Beanstalk 可以迅速地在 AWS 云中部署和管理应用程序，无须为运行这些应用程序的基础设施操心。只需上传应用程序，Elastic Beanstalk 将自动处理有关容量预配置、负载均衡、扩展和应用程序运行状况监控的详细信息。

要使用 Elastic Beanstalk，需要创建一个应用程序，将应用程序版本以应用程序的打包形式(如 Java EE 的 WAR 文件)上传到 Elastic Beanstalk，然后提供一些有关该应用程序的信息。Elastic Beanstalk 会自动启动环境，然后创建并配置运行应用所需的 AWS 资源。启动环境后，即可管理环境并部署新的应用程序版本。

图 7-1 说明了 Elastic Beanstalk 的工作流程。

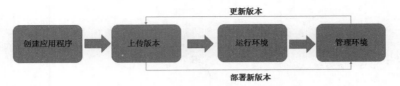

图 7-1　Elastic Beanstalk 的工作流程

创建并部署应用程序后，可通过 AWS 管理控制台、API 或命令行界面(包括统一的 AWS CLI)查看有关应用程序的信息(包括指标、事件和环境状态)。

7.2　为什么需要 Elastic Beanstalk

Elastic Beanstalk 可让开发人员和系统管理员轻松而快速地部署和管理其应用程序，无须为 AWS 基础设施操心。Elastic Beanstalk 使用起来非常简单，AWS 管理控制台可让用户在几分钟内轻松创建、修改和管理 Docker、Go、Java、PHP、.NET、Node.js、Python 和 Ruby 应用程序。

7.3　Elastic Beanstalk 入门

让我们来看看 Elastic Beanstalk 是如何工作的。以下部分会介绍 Elastic Beanstalk 的组件、架构和 Elastic Beanstalk 应用程序的重要设计考虑事项。

7.3.1　Elastic Beanstalk 的组件

1. 应用程序

Elastic Beanstalk 应用程序是 Elastic Beanstalk 组件的逻辑集合，包括环境、版本和环境配置。在 Elastic Beanstalk 中，应用程序在概念上类似于文件夹。

2. 应用程序版本

在 Elastic Beanstalk 中，应用程序版本指的是 Web 应用程序的可部署代码的特定标记迭代。

一个应用程序版本指向一个包含可部署代码(例如，Java EE 的 WAR 文件)的 Amazon S3 对象。应用程序版本是应用程序的组成部分。应用程序可以有多个版本，每个应用程序版本都是唯一的。在运行环境中，可以部署已上传到应用程序的任意应用程序版本，也可以上传并立即部署新的应用程序版本。用户可以上传多个应用程序版本，以测试 Web 应用程序不同版本之间的差异。

3. 环境

环境是部署到 AWS 资源上的版本。每个环境一次只能运行一个应用程序版本，但用户可以在多个环境中同时运行相同或不同的版本。当用户创建环境时，Elastic Beanstalk 会预配置运行用户指定的应用程序版本所需的资源。

4. 环境配置

环境配置标识一组参数和配置，这些参数和配置用于定义环境及其相关资源的操作方式。当用户更新环境的配置设置时，Elastic Beanstalk 会自动将更改应用到现有资源或者删除并部署新的资源(取决于更改的类型)。

5. 配置模板

配置模板是创建独特环境配置的起点。可使用 Elastic Beanstalk 命令行实用程序(eb 或 aws 命令的子命令 elasticbeanstalk)或 API 来创建或修改配置模板。

6. 架构概述

在启动 Elastic Beanstalk 环境时，需要选择环境层、平台和环境类型。选择的环境层可确定 Elastic Beanstalk 配置资源是支持处理 HTTP(S)请求的 Web 应用程序还是支持处理后台处理任务的 Worker 应用程序。用于处理 Web 请求的 Web 应用程序所在的环境层被称为 Web 服务器层，运行后台作业的 Worker 应用程序所在的环境层被称为工作线程层。

注意
　　一个环境不能支持两个不同的环境层，因为每个环境层都需要有自己的一组资源；工作线程环境层和 Web 服务器环境层分别需要一个自动伸缩组，但 Elastic Beanstalk 对于每个环境只支持一个自动伸缩组。

7．Web 服务器环境层

图 7-2 所示为 Web 服务器环境层的 Elastic Beanstalk 架构，并显示了这种环境层中各个组件协同工作的方式。

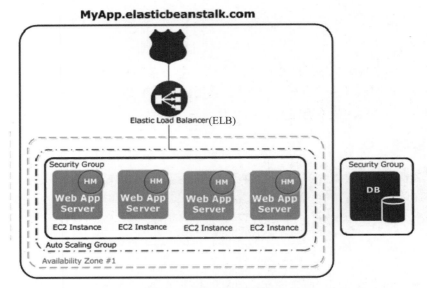

图 7-2　Web 服务器环境层

环境是应用程序的核心。图 7-2 中最外层的实线勾画的是环境。当创建环境时，Elastic Beanstalk 会预配置所需资源，以运行应用程序。为环境创建的 AWS 资源包括一个弹性负载均衡器(图 7-2 中的 ELB)、一个自动伸缩组，以及其内的一个或多个 Amazon EC2 实例。

每个环境有一条指向负载均衡器的别名记录(DNS 名)。该环境有一个 DNS 名，例如myapp.elasticbeanstalk.com。通过使用别名记录，此 DNS 名实际上在Amazon Route 53中指向Elastic Load Balancing 的 DNS 名(例如，abcdef-123456.us-west-2.elb.amazonaws.com)。Amazon Route 53 是一种可用性高、可扩展性强的域名系统(Doman Name System，DNS)服务。它可以向用户的基础设施提供安全可靠的域名服务。用户通过 DNS 提供商注册的域名，将请求转发到 Amazon Route 53 的别名记录。负载均衡器位于 Amazon EC2 实例的前面，后者包含在自动伸缩组内。

自动伸缩可自动启动其他 Amazon EC2 实例，以适应应用程序上增大的负载。如果应用程序上的负载减小，自动伸缩则会终止实例，但始终会至少保留一个正在运行的实例。

在 Amazon EC2 实例上运行的软件堆栈取决于容器类型。容器类型定义的是将在该环境中使用的基础设施拓扑和软件堆栈。例如，包含 Apache Tomcat 容器的 Elastic Beanstalk 环境使用 Amazon Linux 操作系统、Apache Web 服务器和 Apache Tomcat 软件。每个运行应用程序的 Amazon EC2 服务器实例都使用这些容器类型的其中之一。此外，名为主机管理器 (Host Machine，HM)的软件组件会在每个 Amazon EC2 服务器实例上运行(在图 7-2 中，HM 是每个 EC2 实例中的圆)。

主机管理器负责：

- 部署应用程序
- 汇总事件和指标，以通过控制台、API 或命令行进行检索
- 生成实例级事件
- 监控应用程序日志文件中是否有关键错误
- 监控应用程序服务器
- 修补实例组件
- 滚动应用程序日志文件，并将它们发布到 Amazon S3

主机管理器会提供指标、错误、事件和服务器实例状态，相关报告可以通过 AWS 管理控制台、API 和 CLI 获得。

在图 7-2 所示的 Amazon EC2 实例中加入了一个安全组。安全组定义实例的防火墙规则。默认情况下，Elastic Beanstalk 会定义一个安全组，该安全组允许每个人都可以使用端口 80(HTTP)进行连接。用户可以定义多个安全组。例如，可以为数据库服务器定义一个安全组。

8．工作线程环境层

为工作线程环境层创建的 AWS 资源包括一个自动伸缩组、一个或多个 Amazon EC2 实例和一个 IAM 角色。对于工作线程环境层，Elastic Beanstalk 还会创建并配置一个 Amazon SQS 队列(如果还没有的话)。启动工作线程环境层时，Elastic Beanstalk 会根据选择的编程语言安装必要的支持文件并在自动伸缩组中的每个 EC2 实例上安装一个守护程序。守护程序负责从 Amazon SQS 队列提取请求，然后将数据发送给在工作线程环境层中运行的 Worker 应用程序，这些应用程序将处理这些消息。如果在工作线程环境层中有多个实例，那么每个实例都会有自己的守护程序，但它们都从同一个 Amazon SQS 队列读取数据。

图 7-3 所示为不同的组件及其跨环境和 AWS 服务交互的情况。

Amazon CloudWatch 用于警报和运行状况监控。

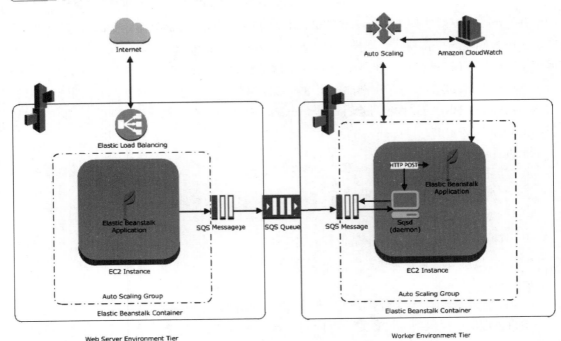

图 7-3 工作线程环境层架构图

7.3.2 权限

在创建新的环境时，AWS Elastic Beanstalk 将提示需要提供两个 AWS Identity and Access Management(IAM)角色、一个服务角色和一个与实例配置文件关联的角色。Elastic Beanstalk 服务角色用于向服务授予代表用户使用用户账号下其他 AWS 服务的权限。Elastic Beanstalk 实例配置文件用于向环境中的 EC2 实例授予调用用户账号下某些 AWS 服务以获取相关功能的权限，这些功能包括增强型运行状况报告(所有基于 Linux 的平台)和容器管理功能(多容器 Docker 配置)。

除了分配给环境的两个角色外，还可以创建用户策略并将它们应用于用户账户中下 IAM 用户和组，以允许这些用户和组使用 Elastic Beanstalk，而无须授予它们对其他 AWS 服务的访问权限。

大多数情况下，AWS 管理控制台在启动环境时，会提示通过一键角色创建功能创建的服务角色和实例配置文件拥有需要的所有权限。同样，Elastic Beanstalk 提供的用于完全访问和只读访问的托管策略包含日常使用所需的所有用户权限。

1. Elastic Beanstalk 服务角色

服务角色是指 Elastic Beanstalk 代表用户调用其他服务时扮演的 IAM 角色。在调用 Amazon EC2、Elastic Load Balancing 和 Auto Scaling API 以收集有关其 AWS 资源运行状况的信息时,Elastic Beanstalk 将使用用户在创建 Elastic Beanstalk 环境时指定的服务角色。

以下语句包含了 Elastic Beanstalk 监控环境运行状况所需的所有权限:

```
{
  "Version": "2012-10-17",
  "Statement": [
    {
      "Effect": "Allow",
      "Action": [
        "elasticloadbalancing:DescribeInstanceHealth",
        "ec2:DescribeInstances",
        "ec2:DescribeInstanceStatus",
        "ec2:GetConsoleOutput",
        "ec2:AssociateAddress",
        "ec2:DescribeAddresses",
        "ec2:DescribeSecurityGroups",
        "sqs:GetQueueAttributes",
        "sqs:GetQueueUrl",
        "autoscaling:DescribeAutoScalingGroups",
        "autoscaling:DescribeAutoScalingInstances",
        "autoscaling:DescribeScalingActivities",
        "autoscaling:DescribeNotificationConfigurations"
      ],
      "Resource": [
        "*"
      ]
    }
  ]
}
```

此策略还包括 Amazon SQS 操作以允许 Elastic Beanstalk 监控工作线程环境的队列活动。

使用 Elastic Beanstalk 控制台创建环境时,Elastic Beanstalk 将提示创建一个具有前面语句中所列出权限的名为 aws-elasticbeanstalk-service-role 的服务角色,以及一个允许 Elastic Beanstalk 扮演该服务角色的信任策略。如果用户通过使用 IAM 接口自行创建服务角色,那么用户必须添加信任策略。

在附加到具有前面语句所列出权限的角色时，以下信任策略允许 Elastic Beanstalk 扮演服务角色：

```json
{
    "Version": "2012-10-17",
    "Statement": [
      {
        "Sid": "",
        "Effect": "Allow",
        "Principal": {
          "Service": "elasticbeanstalk.amazonaws.com"
        },
        "Action": "sts:AssumeRole",
        "Condition": {
          "StringEquals": {
            "sts:ExternalId": "elasticbeanstalk"
          }
        }
      }
    ]
}
```

使用 Elastic Beanstalk API 或 EB CLI 创建环境，可使用 aws: elasticbeanstalk:environment 命名空间中的 ServiceRole 配置选项指定服务角色。

2. Elastic Beanstalk 实例配置文件

实例配置文件是应用在 Elastic Beanstalk 环境中所启动实例的 IAM 角色。在创建 Elastic Beanstalk 环境时，可以指定实例处于以下情况时使用的实例配置文件：

- 将日志写入 Amazon Simple Storage Service(Amazon SSS)。
- 在多容器 Docker 环境下，使用 Amazon EC2 Container Service 协调容器部署。
- 在工作线程环境下，从 Amazon Simple Queue Service(Amazon SQS)队列读取数据。
- 在工作线程环境下，使用 Amazon DynamoDB 进行领导选择。
- 在工作线程环境下，将实例运行状况指标发布到 Amazon CloudWatch。

以下策略样例包含工作线程环境中的实例所需要执行的每条操作语句。可以将所有这些语句添加到一个角色并将其用于所有环境，或将权限分散到 Web 服务器、工作线程层和多容器 Docker 环境的角色中。

```json
{
    "Version": "2012-10-17",
    "Statement": [
    {
        "Sid": "QueueAccess",
        "Action": [
            "sqs:ChangeMessageVisibility",
            "sqs:DeleteMessage",
            "sqs:ReceiveMessage",
            "sqs:SendMessage"
        ],
        "Effect": "Allow",
        "Resource": "*"
    }, {
        "Sid": "MetricsAccess",
        "Action": [
            "cloudwatch:PutMetricData"
        ],
        "Effect": "Allow",
        "Resource": "*"
    }, {
        "Sid": "BucketAccess",
        "Action": [
            "s3:Get*",
            "s3:List*",
            "s3:PutObject"
        ],
        "Effect": "Allow",
        "Resource": [
            "arn:aws:s3:::elasticbeanstalk-*-{{accountid}}/*",
            "arn:aws:s3:::elasticbeanstalk-*-{{accountid}}-*/*"
        ]
    }, {
        "Sid": "DynamoPeriodicTasks",
        "Action": [
            "dynamodb:BatchGetItem",
            "dynamodb:BatchWriteItem",
            "dynamodb:DeleteItem",
            "dynamodb:GetItem",
            "dynamodb:PutItem",
            "dynamodb:Query",
            "dynamodb:Scan",
            "dynamodb:UpdateItem"
```

```
        ],
        "Effect": "Allow",
        "Resource": [
            "arn:aws:dynamodb:*:{{accountid}}:table/*-stack-
            AWSEBWorkerCronLeaderRegistry*"
        ]
    }, {
        "Sid": "ECSAccess",
        "Effect": "Allow",
        "Action": [
            "ecs:StartTask",
            "ecs:StopTask",
            "ecs:RegisterContainerInstance",
            "ecs:DeregisterContainerInstance",
            "ecs:DiscoverPollEndpoint",
            "ecs:Submit*",
            "ecs:Poll"
        ],
        "Resource": "*"
    }
    ]
}
```

3. Elastic Beanstalk 用户策略

Elastic Beanstalk 不仅需要其自身 API 操作的权限，还需要访问其他 AWS 服务的权限。Elastic Beanstalk 使用用户权限启动环境中的所有资源，包括 EC2 实例、负载均衡器和自动伸缩组。自动伸缩还使用用户权限将日志和模板保存到 Amazon S3 中、向 Amazon SNS 发送通知、分配实例配置文件，以及向 CloudWatch 发布指标。Elastic Beanstalk 需要 AWS CloudFormation 权限以协调资源部署和更新，还需要 Amazon RDS 权限以根据需要创建数据库，以及需要 Amazon SQS 权限为工作线程环境创建队列。

以下策略允许创建和管理 Elastic Beanstalk 环境的操作。此策略在 IAM 控制台中由名为 AWSElasticBeanstalkFullAccess 的托管策略提供。可以将该托管策略应用于 IAM 用户或组以授予使用 Elastic Beanstalk 的权限，或创建用户自己的策略以排除用户不需要的权限。

```
{
    "Version": "2012-10-17",
    "Statement": [
        {
            "Effect": "Allow",
```

```
    "Action": [
      "elasticbeanstalk:*",
      "ec2:*",
      "elasticloadbalancing:*",
      "autoscaling:*",
      "cloudwatch:*",
      "s3:*",
      "sns:*",
      "cloudformation:*",
      "rds:*",
      "sqs:*",
      "iam:PassRole",
      "iam:ListRoles",
      "iam:ListInstanceProfiles"
    ],
    "Resource": "*"
  }
 ]
}
```

上述权限也允许用户将现有服务角色分配给环境，但不允许用户创建角色。可以通过将以下权限添加到上述策略来允许 IAM 用户管理角色。但是请注意，如果向某个用户授予创建角色的权限，该用户可创建具有无限制权限的角色。

```
iam:CreateRole,
iam:PutRolePolicy,
iam:ListServerCertificates,
iam:CreateInstanceProfile,
iam:AddRoleToInstanceProfile
```

应该尽量避免向用户授予创建角色的权限，请创建新环境并在系统提示时生成默认服务角色。

Elastic Beanstalk 还提供名为 AWSElasticBeanstalkReadOnlyAccess 的只读托管策略。此策略允许用户查看但不允许修改或创建 Elastic Beanstalk 环境。

```
{
  "Version": "2012-10-17",
  "Statement": [
    {
      "Effect": "Allow",
      "Action": [
        "elasticbeanstalk:Check*",
        "elasticbeanstalk:Describe*",
```

```
        "elasticbeanstalk:List*",
        "elasticbeanstalk:RequestEnvironmentInfo",
        "elasticbeanstalk:RetrieveEnvironmentInfo",
        "ec2:Describe*",
        "elasticloadbalancing:Describe*",
        "autoscaling:Describe*",
        "cloudwatch:Describe*",
        "cloudwatch:List*",
        "cloudwatch:Get*",
        "s3:Get*",
        "s3:List*",
        "sns:Get*",
        "sns:List*",
        "cloudformation:Describe*",
        "cloudformation:Get*",
        "cloudformation:List*",
        "cloudformation:Validate*",
        "cloudformation:Estimate*",
        "rds:Describe*",
        "sqs:Get*",
        "sqs:List*"
    ],
    "Resource": "*"
  }
 ]
}
```

7.3.3　支持的平台

Elastic Beanstalk 的 Web 服务器平台支持针对 Docker、Java、.NET、Node.js、PHP、Python 和 Ruby 开发的应用程序，有多种配置，可用于大多数平台，支持除.NET 外的所有平台的工作线程环境。

7.3.4　设计注意事项

使用 Elastic Beanstalk 部署的应用程序在 AWS 云资源上运行时，设计应用程序应注意以下几个方面：可扩展性、安全性、持久性存储、容错性、内容传输、软件更新和补丁，以及连接性。

1．可扩展性

在物理硬件环境(云环境的反面)中操作时，可以通过两种方式实现扩展：可以向上扩展(垂直扩展)或向外扩展(水平扩展)。随着业务需求的增长，向上扩展方式要求投资购买功能强大的硬件，而向外扩展方式则要求遵循一种分布式投资模型。因此，硬件和应用程序的采购必须更具有针对性。向上扩展方式可能会非常昂贵，并且仍然会有超出容量需求的风险。尽管向外扩展方式通常更有效，但是为满足需要，该方式要求定期预测需求并按群组部署基础设施。此方式往往导致容量过剩，并且需要不断进行人工监控。

通过转移到云，可以充分利用云的弹性，将基础设施的使用与需求紧密结合起来。弹性可实现资源获取和释放的优化，使用户的基础设施可随着需求的变动迅速地扩展和收缩。要实现弹性，请配置自动伸缩设置，将触发事件发送到用户的系统，从而根据指标执行适当操作(例如，使用服务器或网络 I/O)。也可以使用自动伸缩自动在使用量增大时增加计算容量，在使用量降低时移除计算容量。使用 Amazon CloudWatch 监控用户的系统指标(CPU、内存、磁盘 I/O、网络 I/O)，以便执行适当操作(如使用自动伸缩动态启动新的实例)或发送通知。

此外，Elastic Beanstalk 应用程序还应该尽可能保持无状态，以便使用按需横向扩展的、松散耦合的容错组件。

2．安全性

通常情况下，物理安全性由服务提供商负责，网络和应用程序级安全性则由用户自己负责。如果用户需要保护从客户端到弹性负载均衡器的信息，那么应当配置 SSL。用户将需要来自第三方证书颁发机构(如 VeriSign 或 Entrust)的证书。包含在证书内的公钥会向浏览器验证用户的服务器身份，在此密钥基础上，还可创建用于双向加密数据的共享会话密钥。

3．持久性存储

Elastic Beanstalk 应用程序可以在无持久性本地存储的 Amazon EC2 实例上运行。Amazon EC2 实例终止时，不会保存本地文件系统，而新的 Amazon EC2 实例会开始使用新的默认的文件系统。应将用户的应用程序设计为可在持久性数据源中存储数据的类型，如 S3、EBS、DynamoDB 和 RDS。

4．容错

一般来说，设计云架构时，应当考虑那些不令人乐观的情况。架构的设计、实施和部署目的始终只有一个：能够自动从故障中恢复。针对 Amazon EC2 实例和 Amazon RDS，使用多可用区域。使用 Amazon CloudWatch 更清楚地了解 Elastic Beanstalk 应用程序的运行状况，以便在出现硬件故障或性能降低的情况下，执行适当操作。配置用户的自动伸缩设置，将用户的 Amazon EC2 实例组合维持在固定大小，以便使用新的 Amazon EC2 实例替换不正常的实例。如果正在使用 Amazon RDS，请随后设置备份保留期，以便 Amazon RDS 执行自动备份。

5．内容分发

用户在连接开发者的网站时，请求可能会通过大量个人网络进行路由。因此，用户可能会由于高延迟导致出现低性能。Amazon CloudFront 可使用遍布全球的节点网络分配的 Web 内容(如图像、视频等)，从而帮助改善延迟问题。最终，用户会路由到最近的节点，因此能以最佳的性能传递内容。CloudFront 可与 Amazon S3 无缝配合。

6．软件更新和补丁

Elastic Beanstalk 目前没有提供软件更新机制或策略。Elastic Beanstalk 会使用新软件和补丁程序定期更新其默认 AMI。然而，运行中的环境不会自动更新。要获取最新 AMI，用户必须启动新环境。

7．连接

Amazon EC2 实例需要 Internet 连接才能完成部署。当用户在 Amazon VPC 内部署 Elastic Beanstalk 应用程序时，启用 Internet 连接所需的配置取决于用户所创建的 Amazon VPC 环境的类型。

- 对于单一实例环境，无须进行额外的配置，因为 Elastic Beanstalk 会为每个 Amazon EC2 实例分配一个公有弹性 IP 地址，使该实例能够直接与 Internet 通信。
- 对于同时具有公有和私有子网的 Amazon VPC 中的负载均衡自动伸缩环境，必须执行以下操作：
  a) 在公有子网中创建一个负载均衡器，以将来自 Internet 的入站流量路由到 Amazon EC2 实例。
  b) 创建一个网络地址转换(NAT)实例，以将来自 Amazon EC2 实例的出站流量路由到

Internet。

c) 为私有子网中的 Amazon EC2 实例创建入站和出站路由规则。

d) 配置默认的 Amazon VPC 安全组以允许从 Amazon EC2 实例到 NAT 实例的通信。

e) 对于具有一个公有子网的 Amazon VPC 中的负载均衡自动伸缩环境，无须进行额外的配置，因为 Amazon EC2 实例配置了公有 IP 地址，允许这些实例与 Internet 通信。

7.4　如何使用 Elastic Beanstalk

以下任务将演示如何使用 Elastic Beanstalk，包括创建、查看、部署和更新应用程序，以及编辑和终止环境。使用 AWS 管理控制台(一种基于 Web 的图形界面)来完成这些任务。

步骤 1：注册服务

如果还不是 AWS 用户，则需要注册。注册之后，将能够访问 Elastic Beanstalk 及可能需要的其他 AWS 服务，如 Amazon EC2、Amazon S3 和 Amazon Simple Notification Service (Amazon SNS)。

注册 AWS 账户的步骤如下：

(1) 通 过 以 下 网 址 打 开 Elastic Beanstalk 控 制 台：https://console.aws.amazon.com/elasticbeanstalk/。

(2) 按照屏幕上的说明进行操作。

步骤 2：创建应用程序

接下来创建和部署一个示例应用程序。在这一步，将使用一个已经准备好的示例应用程序。对于要在其中创建和部署应用程序的区域，如果在其中已存在任何 Elastic Beanstalk 应用程序，则需要按照不同的步骤创建新的应用程序。

(1) 通过以下网址打开 Elastic Beanstalk 控制台：https://console.amazonaws.cn/elasticbeanstalk/home，如图 7-4 所示。

(2) 选择平台，然后单击"立即启动"按钮。

为了针对 AWS 资源运行示例应用程序，Elastic Beanstalk 会执行以下操作(可能要用数分钟时间才能完成)：

图 7-4　Elastic Beanstalk 欢迎界面

- 创建名为"我的第一个 Elastic Beanstalk 应用程序"的 Elastic Beanstalk 应用程序。
- 启动名为"Default-Environment"的环境,该环境用于配置 AWS 资源以托管示例应用程序。
- 创建名为"示例应用程序"的新应用程序版本,其引用默认 Elastic Beanstalk 示例应用程序文件。
- 将"示例应用程序"应用程序部署到 Default-Environment 中。

步骤 3:查看有关环境的信息

创建 Elastic Beanstalk 应用程序之后,进入 AWS 管理控制台的环境控制面板,查看有关部署的应用程序及其预配置资源的信息。控制面板显示应用程序环境的运行状况、正在运行的版本和环境配置。

当 Elastic Beanstalk 创建 AWS 资源并启动应用程序时,环境将处于 Launching(灰色)状态。有关启动事件的状态消息会显示在环境的控制面板中。

查看"我的第一个 Elastic Beanstalk 应用程序"应用程序的环境控制面板:

(1) 通过以下网址打开 Elastic Beanstalk 控制台:https://console.aws.amazonaws.cn/elasticbeanstalk/home。

(2) 在 Elastic Beanstalk 应用程序页面上,单击"我的第一个 Elastic Beanstalk 应用程序"应用程序中的 Default-Environment。

在控制面板中,可以查看环境的状态、正在运行的应用程序版本、平台以及最新事件的列表,如图 7-5 所示。

> 注意
>
> 如果环境的运行状况为灰色,则表示环境仍处于启动过程中。

图 7-5　Elastic Beanstalk 环境部署成功

还可以从控制面板转到其他页面，查看有关环境的其他详细信息：

- **配置**页面显示为此环境预配置的资源(如托管应用程序的 Amazon EC2 实例)。此页面还可让用户配置某些已提供的资源。
- **在日志面**页可查看最近 100 行日志的快照或回顾所有服务器的所有日志。
- **监控**页面显示环境的统计数据(如平均延迟和 CPU 使用率)。
- **警报**页面显示了用户已为此环境创建的 CloudWatch 警报。
- **事件**页面显示了来自此环境的所使用服务的任何信息性消息或错误消息。
- **标签**页面显示了以标签形式分配给此环境的元数据。每个标签都在页面上表示为一个键-值对。该页面包含 Elastic Beanstalk 自动为环境名称和环境 ID 创建的标签。

步骤 4：部署新版本

可以更新已经部署的应用程序，即使它是正在运行的环境的一部分也可以。对于 Java 应用程序，还可以使用 AWS Toolkit for Eclipse 更新已经部署的应用程序；对于 PHP 和 Node.js 应用程序，使用 Git 部署并通过 EB 可轻松更新应用程序；对于.NET 应用程序，用户可以使用 AWS Toolkit for Visual Studio 更新用户已经部署的应用程序。

现在正在运行的应用程序版本标签为示例应用程序。

更新用户的应用程序版本：

(1) 下载各环境的示例应用程序。

- Docker：单击链接 https://s3.amazonaws.com/elasticbeanstalk-samples-us-east-1/docker-sample-v3.zip，并将文件另存为 docker-sample-v3.zip。

- 预配置 Docker(Glassfish)：单击链接 https://s3.amazonaws.com/elasticbeanstalksamples-us-east-1/glassfish-sample.war，并将文件另存为 glassfish-sample.war。

- 预配置 Docker(Python 3.x)：单击链接 http://elasticbeanstalk-samples-us-east-1.s3.amazonaws.com/python3-sample.zip，并将文件另存为 python3-sample.zip。

- 预配置 Docker(Go)：单击链接 http://elasticbeanstalk-samples-us-east-1.s3.amazonaws.com/golang- sample.zip，并将文件另存为 golang-sample.zip。

- Java：单击链接 https://elasticbeanstalk-samples-us-east-1.s3.amazonaws.com/elasticbeanstalk-sampleapp.war，并将文件另存为 elasticbeanstalk- sampleapp.war。

- .NET：单击链接 https://elasticbeanstalk-samples-us-east-1.s3.amazonaws.com/FirstSample.zip，并将文件另存为 FirstSample.zip。

- Node.js：单击链接 http://s3.amazonaws.com/elasticbeanstalk-samples-us-east-1/nodejs-sample.zip，并将文件另存为 nodejs-sample.zip。

- PHP：单击链接 http://s3.amazonaws.com/elasticbeanstalk-samples-us-east-1/php-newsample-app.zip，并将文件另存为 php-newsample-app.zip。

- Python：单击链接 http://s3.amazonaws.com/elasticbeanstalk-samples-us-east-1/basicapp.zip，并将文件另存为 basicapp.zip。

- Ruby(Passenger Standalone)：单击链接 http://s3.amazonaws.com/elasticbeanstalk-samples-us-east-1/ruby-sample.zip，并将文件另存为 ruby-sample.zip。

- Ruby(Puma)：单击链接 http://s3.amazonaws.com/elasticbeanstalk-samples-us-east-1/ruby2-PumaSampleApp.zip，并将文件另存为 ruby2PumaSampleApp.zip。

(2) 通过以下网址打开 Elastic Beanstalk 控制台：https://console.amazonaws.cn/elasticbeanstalk/home。

(3) 在 Elastic Beanstalk 应用程序页面上，单击"我的第一个 Elastic Beanstalk 应用程序"，然后单击"Default-Environment"选项。

(4) 在概览部分，单击"上传和部署"选项，然后输入有关应用程序版本的详细信息，如图 7-6 所示。

使用上传应用程序找到并指定要上传的应用程序版本(WAR 或 ZIP 文件)。

对于版本标签，输入所上传应用程序版本的名称，如 Sample Application Second Version。

(5) 单击"部署"按钮。

Elastic Beanstalk 现已将文件部署到 Amazon EC2 实例。在环境的控制面板上查看部署的状态。应用程序版本更新时，环境运行状况的状态会变为灰色。完成部署后，Elastic Beanstalk

将执行应用程序运行状况检查。当应用程序对运行状况检查进行响应时，状态会变回绿色。
环境控制面板会将新"运行版本"显示为 Sample Application Second Version(或是用户作为版
本标签提供的任何版本)。

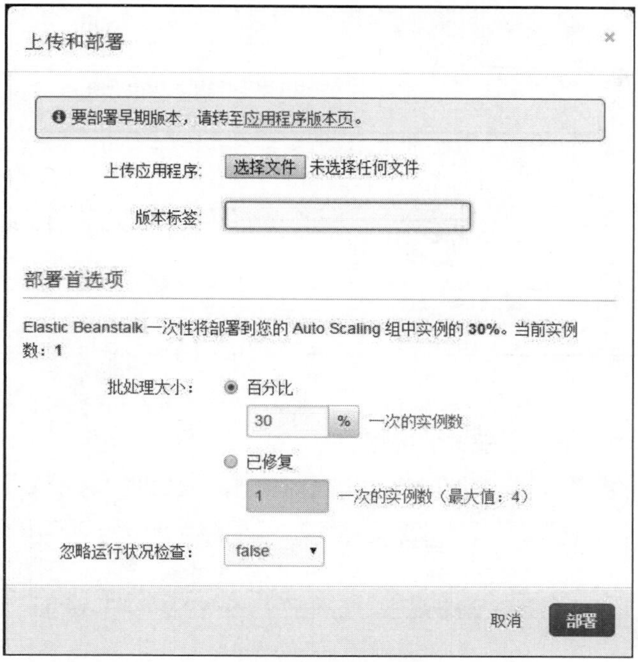

上传和部署	×

❶ 要部署早期版本，请转至应用程序版本页。

上传应用程序：　**选择文件**　未选择任何文件

版本标签：

部署首选项

Elastic Beanstalk 一次性将部署到您的 Auto Scaling 组中实例的 **30%**。当前实例
数：**1**

批处理大小：　◉ 百分比
　　　　　　　　　30　% 　一次的实例数

　　　　　　　◯ 已修复
　　　　　　　　　1　　一次的实例数（最大值：4）

忽略运行状况检查：　false　▼

取消　**部署**

图 7-6　上传与部署

新的应用程序版本也会被上传并被添加到应用程序版本列表中。要查看应用程序版本列
表，请单击"我的第一个 Elastic Beanstalk 应用程序"，然后单击"应用程序版本"选项。

步骤 5：更改配置

可以自定义环境，使其更适合用户的应用程序。例如，如果用户的应用程序需要进行大
量计算，那么用户可以更改运行的应用程序的 Amazon EC2 实例类型。

有些配置更改很简单，而且会即刻生效。有些更改要求 Elastic Beanstalk 删除并重新创建
AWS 资源，这可能花数分钟的时间。更改配置设置时，Elastic Beanstalk 会提醒应用程序可能
会暂停的时长。

接下来，我们需要将自动伸缩组的最少实例设置从 1 更改为 2，然后验证更改已生效。新
实例创建后，它将与负载均衡器相关联。

更改环境配置的步骤如下：

(1) 单击"我的第一个 Elastic Beanstalk 应用程序"下拉菜单，然后单击"Default-Environment"选项，以返回环境控制面板，如图 7-7 所示。

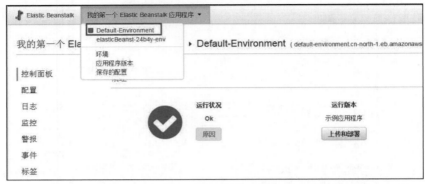

图 7-7　更改环境配置

(2) 在导航窗格中，单击"配置"选项。

(3) 在"扩展"设置中，单击扩展行的齿轮图标(🔧)，如图 7-8 所示。

图 7-8　配置面板

(4) 在"扩展"部分，将"最小实例计数"从 1 更改为 2。这会增加部署到 Amazon EC2 中的自动扩展实例的最小数量。

(5) 在页面底部，单击"保存"按钮，环境更新可能需要几分钟。

验证负载均衡器已进行更改的步骤如下：

(1) 在导航窗格中，单击"事件"选项。你将在事件列表中看到事件"已将新部署成功部署到环境"，从而确认扩展实例的最少数目已经设置为 2。第二个实例会自动启动。

(2) 打开 Amazon EC2 控制台，链接为 https://console.aws.amazon.com/ec2/。

(3) 在导航窗格的"网络与安全"下拉菜单中，选择"负载均衡器"选项。

重复接下来的两个步骤，直至识别出具有所需实例名称的负载均衡器为止。

(4) 在负载均衡器列表中单击一个负载均衡器。

(5) 在 Load Balancer: <load balancer name>(负载均衡器: <负载均衡器名称>)窗格中单击"实例"选项卡，然后查看实例表中的名称，如图 7-9 所示。

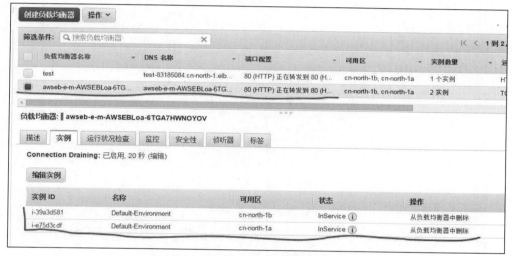

图 7-9　验证负载均衡器已进行更改

该信息会显示两个实例已关联到该负载均衡器，从而反映自动扩展实例的增加。

第8章 Amazon EMR

8.1 Amazon EMR 介绍

Amazon Elastic MapReduce(Amazon EMR)是一种 Web 服务，让你能够轻松快速并经济地处理大量的数据。

Amazon EMR 简化了大数据处理，提供的托管 Hadoop 框架可以让你轻松、快速、经济高效地跨越各个动态可扩展的 Amazon EC2 实例分发和处理巨量数据。你还可以运行其他常用的分发框架(例如，Amazon EMR 中的 Spark 和 Presto)来与其他 AWS 数据存储服务(例如，Amazon S3 和 Amazon DynamoDB)中的数据进行互动。

Amazon EMR 能够安全可靠地处理大数据使用案例，包括日志分析、Web 索引、数据仓库、机器学习、财务分析、科学模拟和生物信息。

8.2 Amazon EMR 的优势

8.2.1 易于使用

只需几分钟就可以启动 Amazon EMR 集群。不必担心节点调配、集群设置、Hadoop 配置或集群调试。Amazon EMR 自会处理这些任务，因此只需集中精力进行分析即可。

8.2.2 成本低廉

Amazon EMR 定价简单，预估轻松：按照每个使用的实例小时以一定的小时费率支付费用。可以以低至每小时 0.15 美元的价格启动 10 节点 Hadoop 集群。因为 Amazon EMR 在设计理念上支持 Amazon EC2 竞价和预留实例，所以可以节省基础实例成本 50%～80%。

8.2.3 灵活

使用 Amazon EMR，可以配置一个、数百个甚至数千个计算实例来处理任何规模的数据。可以轻松增加或减少实例的数量，并且按使用情况支付费用。

8.2.4 运行可靠

用于调试和监视集群的时间将更少。Amazon EMR 的 Hadoop 已经针对云进行了优化，它还会监控集群，重新尝试失败的任务，并自动替换性能不佳的实例。

8.2.5 安全

Amazon EMR 会自动配置 Amazon EC2 防火墙设置以控制对实例的网络访问，并且可以在 Amazon VPC(由你定义的逻辑隔离的网络)中启动集群。对于 Amazon S3 中存储的对象，可以通过 EMRFS、AWS Key Management 服务或客户管理的密钥来使用 Amazon S3 服务器端加密或 Amazon S3 客户端加密。

8.2.6　灵活

可以完全掌控集群。由于拥有每个实例的根访问权限，因此可以轻松安装额外的应用程序和定制每个集群。Amazon EMR 还支持多个 Hadoop 分配和应用程序。

8.3　Amazon EMR 使用案例

8.3.1　点击流分析

Amazon EMR 可用于分析点击流数据，以便细分用户并了解各种用户偏好。广告客户还可以分析点击流和广告的展示次数日志，从而提供更有效率的广告。

8.3.2　基因学

Amazon EMR 可迅速、有效地处理大量的基因数据及其他大型科学数据集。研究人员可以访问 AWS 上托管的免费基因数据。

8.3.3　日志处理

Amazon EMR 可用于处理 Web 和移动应用程序生成的各种日志。Amazon EMR 可以帮助客户将数 PB 的非结构化或半结构化数据转变为深刻的应用程序或用户洞察。

8.4　如何使用 Amazon EMR

要使用 Amazon EMR，只需执行如下操作：

(1) 开发数据处理应用。可以使用 Java、Hive(类似 SQL 语言)、Pig(数据处理语言)、Cascading、Ruby、Perl、Python、R、PHP、C++或 Node.js。Amazon EMR 提供代码示例和教程，链接为 https://aws.amazon.com/articles/Elastic-MapReduce，以帮助你快速开始使用并正常运行。

(2) 上传应用和数据到 Amazon S3。如果拥有大量上传数据，可以考虑使用AWS Import/Export(使用物理存储设备上传数据)或 AWS Direct Connect(建立从数据中心到 AWS 的专用网络连接)。如果愿意，还可以直接向正在运行的集群写入数据。

(3) 配置和启动集群。使用 AWS 管理控制台、AWS CLI、SDK 或 API，指定要在集群中预配置的 EC2 实例数、要使用的实例种类(标准、内存增强型、CPU 增强型、高 I/O 等)、要安装的应用程序(Hive、Pig、HBase 等)及应用程序和数据的位置。可以使用引导操作，链接为 http://docs.aws.amazon.com/ElasticMapReduce/latest/ManagementGuide/emr-plan-bootstrap.html，安装其他软件或者更改默认设置。

(4) (可选)监控集群。可以使用管理控制台、命令行界面、软件开发工具包或 API 监控集群的运行状况和进度。EMR 与Amazon CloudWatch集成，可用于监控/警报，并支持流行的监控工具Ganglia，链接为 http://docs.aws.amazon.com/ElasticMapReduce/latest/DeveloperGuide/UsingEMR_Ganglia.html。可以随时根据数据的处理情况给集群添加/移除容量。对于故障诊断，可以使用控制台的简易调试 GUI。

(5) 检索输出。检索集群上的 Amazon S3 或 HDFS 中的输出。使用工具(如 Tableau 和 MicroStrategy)直观地显示数据。Amazon EMR 会在处理完成时自动终止集群。另一种方法是，让集群处于运行状态并给群集增加工作量。

8.5 创建 Amazon EMR 集群

本节讲述创建 Amazon EMR 集群涉及的过程和内容。

启动集群时，Amazon EMR 会预配置 Amazon EC2 实例(虚拟服务器)以执行计算。这些实例是用为 Amazon EMR 自定义的 Amazon 系统映像(AMI)创建的。该 AMI 已预加载了 Hadoop 和其他大数据应用程序。

启动 Amazon EMR 集群的步骤如下：

(1) 通过以下网址打开 Amazon EMR 控制台：https://console.aws.amazon.com/elasticmapreduce/。

(2) 单击 "Create Cluster" (创建集群)按钮。

(3) 在 Create Cluster 页面的 Cluster Configuration(集群配置)部分，接受默认选项。表 8-1 定义了这些选项。

表 8-1　集群配置

字段	操作
集群名称	创建集群时，默认的集群名称为"My cluster"。也可以为集群输入描述性名称。该名称是可选的，并且不必是唯一的
终止保护	默认情况下，使用控制台创建的集群已启用终止保护(设置为 Yes)。启用终止保护可确保集群不会因事故或错误而关闭。通常情况下，应该在开发应用程序时启用终止保护(以便调试原本可能会终止集群的错误)，以保护长期运行的集群或保留数据。更多相关信息，请参阅"管理集群的终止"页面，链接为 http://docs.aws.amazon.com/zh_cn/ElasticMapReduce/latest/DeveloperGuide/UsingEMR_TerminationProtection.html
日志系统	默认情况下，使用控制台创建的集群已启用日志记录。此选项确定 Amazon EMR 是否将详细日志数据写入 Amazon S3。设定此值后，Amazon EMR 会将日志文件从集群的 EC2 实例复制到 Amazon S3 中。只能在创建集群时启用将日志记录到 Amazon S3 中的功能。将日志记录到 Amazon S3 中可以防止在集群终止及托管集群的 EC2 实例终止时丢失日志文件。这些日志在排除故障时非常有用。更多相关信息，请参阅"查看日志文件"页面，链接为 http://docs.aws.amazon.com/zh_cn/ElasticMapReduce/latest/DeveloperGuide/emr-manage-view-web-log-files.html
日志文件夹 S3 位置	可以输入或浏览至用于存储 Amazon EMR 日志的 Amazon S3 存储桶，例如 s3://myemrbucket/logs，也可以让 Amazon EMR 为你生成一条 Amazon S3 路径。如果输入的文件夹名称在存储桶中不存在，系统将为你创建该文件夹
调试	默认情况下，启用日志记录时，调试也将同时启用。此选项会在 SimpleDB(将收取额外费用)中创建调试日志索引，以在 Amazon EMR 控制台启用详细的调试功能。只能在创建集群时启用调试功能。有关 Amazon SimpleDB 的详细信息，请访问Amazon SimpleDB的产品描述页，链接为 http://aws.amazon.com/cn/simpledb/

- 在 Tags(标签)部分，将选项留空。在本书中，不需要使用任何标签。日志记录可让你使用键-值对为资源分类。Amazon EMR 集群上的标签已传播到底层 Amazon EC2 实例。
- 在 Software Configuration(软件配置)部分，接受默认选项。表 8-2 定义了这些选项。
- 在 File System Configuration(文件系统配置)部分，接受 EMRFS 的默认选项。EMRFS 是一种 HDFS 实施，使 Amazon EMR 集群能够在 Amazon S3 上存储数据。表 8-3 定义了 EMRFS 的默认选项。

表 8-2　软件配置

字段	操作
Hadoop 分配	此选项确定在集群上运行哪个 Hadoop 分发版本。默认情况下，Amazon 的 Hadoop 分发版本已选定,但可以选择运行若干 MapR 分发版本之一。有关 MapReduce 的更多信息,请参阅"使用 Hadoop 的 MapReduce 分配"页面，链接为 http://docs.aws.amazon.com/zh_cn/ElasticMapReduce/latest/DeveloperGuide/emr-mapr.html
AMI 版本	Amazon Elastic MapReduce(Amazon EMR)使用 Amazon 系统映像(AMI)对为运行集群而启动的 EC2 实例进行初始化。AMI 包含 Linux 操作系统、Hadoop 和用于运行集群的其他软件。这些 AMI 是特定于 Amazon EMR 的，只能在运行集群的环境中使用。默认情况下，已选定最新的 Hadoop 2.x AMI。也可以从列表中选择特定的 Hadoop 2.x AMI 或 Hadoop 1.x AMI。选择的 AMI 将决定在集群上运行的特定版本的 Hadoop 和其他应用程序(如 Hive 或 Pig)。使用控制台选择 AMI 时，已淘汰的 AMI 不会显示在列表中。有关选择 AMI 的更多信息，请参阅"选择一个 Amazon 系统映像(AMI)"页面，链接为 http://docs.aws.amazon.com/zh_cn/ElasticMapReduce/latest/Developer Guide/emr-plan-ami.html
要安装的应用程序	当选择最新的 Hadoop 2.x AMI 时，系统将默认安装 Hive、Pig 和 Hue。安装的应用程序和应用程序版本将因选择的 AMI 而有所不同。可以单击 Remove(删除)图标来删除预先选择的应用程序
其他应用程序	此选项使你可以安装其他应用程序(如 Ganglia、Impala、HBase 和 Hunk)。当选择 AMI 时，AMI 上未提供的应用程序不会显示在列表中

表 8-3　EMRFS 的默认选项

字段	操作
服务器端加密	使用控制台创建集群时，将默认取消选择服务器端加密。此选项将为 EMRFS 启用 Amazon S3 服务器端加密
一致视图	使用控制台创建集群时，将默认取消选择一致视图。此选项将为 EMRFS 启用一致视图。启用此选项后，必须指定 EMRFS 元数据存储、重试次数和重试时间段。有关 EMRFS 的更多信息，请参阅"配置 EMR 文件系统(EMRFS)(可选)"页面，链接为 http://docs.aws.amazon.com/zh_cn/ElasticMapReduce/latest/DeveloperGuide/emr-fs.html。

- 在 Hardware Configuration(硬件配置)部分，选择 m3.xlarge 作为核心 EC2 实例类型，并接受其余默认选项。表 8-4 定义了这些选项。

请注意：每个 AWS 账户的默认最大节点数为 20。例如，如果有两个集群，那么这两个集群的总运行节点数必须是 20 或更少。超过此限制会导致集群故障。如果需要的节点数超过 20，就必须提交增加 Amazon EC2 实例限制的请求。

表 8-4　硬件配置

字段	操作
网络	使用控制台创建集群时，系统将自动选择默认 VPC。如果有其他 VPC，可以从列表中选择一个来替代 VPC。有关默认 VPC 的更多信息，请参阅"你的默认 VPC 和子网"页面，链接为 http://docs.aws.amazon.com/AmazonVPC/latest/UserGuide/default-vpc.html
EC2 子网	系统默认选择 No preference(无首选项)，该选项使 Amazon EMR 可以选择随机子网。你也可以从列表中选择特定的 VPC 子网标识符。有关选择 VPC 子网的更多信息，请参阅"选择集群的 Amazon VPC 子网(可选)"页面，链接为 http://docs.aws.amazon.com/zh_cn/ElasticMapReduce/latest/DeveloperGuide/emr-plan-vpc-subnet.html
主实例	主实例将 Hadoop 任务分配到核心节点和任务节点，并监控它们的状态。Amazon EMR 集群必须包含 1 个主节点。主节点包含在一个主实例组中。有关 Amazon EMR 实例组的更多信息，请参阅"实例组"页面，链接为 http://docs.aws.amazon.com/zh_cn/ElasticMapReduce/latest/DeveloperGuide/InstanceGroups.html EC2 instance type(EC2 实例类型)确定了用于启动 Amazon EMR 主节点的虚拟服务器的类型。选择的实例类型将确定节点的虚拟计算环境：处理能力、存储容量、内存等。有关 Amazon EMR 支持的实例类型的更多信息，请参阅"虚拟服务器配置"页面，链接为 http://docs.aws.amazon.com/zh_cn/ElasticMapReduce/latest/DeveloperGuide/emr-plan-ec2-instances.html。Hadoop 2.x 的默认主实例类型是 m3.xlarge。该实例类型适用于测试、开发和轻型工作负载 默认情况下，主节点的 Count(数量)被设置为 1。目前，每个集群只有一个主节点 Request spot(请求竞价)默认处于未选中状态。此选项指定是否要在竞价型实例上运行主节点。有关使用竞价型实例的更多信息，请参阅"通过竞价型实例降低成本(可选)"页面，链接为 http://docs.aws.amazon.com/zh_cn/ElasticMapReduce/latest/DeveloperGuide/emr-plan-spot-instances.html
核心实例	核心实例使用 Hadoop 分布式文件系统(HDFS)来运行 Hadoop 任务和存储数据。集群必须至少包含 1 个核心节点。核心节点包含在一个核心实例组中。有关 Amazon EMR 实例组的更多信息，请参阅"实例组"页面

(续表)

字段	操作
核心 实例	EC2 instance type(EC2 实例类型)确定了用于启动 Amazon EMR 核心节点的虚拟服务器的类型。选择的实例类型将确定节点的虚拟计算环境：处理能力、存储容量、内存等。有关 Amazon EMR 支持的实例类型的更多信息，请参阅"虚拟服务器配置"页面，链接为 http://docs.aws.amazon.com/zh_cn/ElasticMapReduce/latest/DeveloperGuide/emr-plan-ec2-instances.html。Hadoop 2.x 的默认核心实例类型是 m1.large。请务必将此实例类型更改为 m3.xlarge。m1.large 实例类型并非在所有区域内均可用。m3.xlarge 实例类型适用于测试、开发和轻型工作负载 默认情况下，核心节点的 Count(数量)被设置为 2 Request spot(请求竞价)默认处于未选中状态。此选项指定是否在竞价型实例上运行核心节点。有关使用竞价型实例的更多信息，请参阅"通过竞价型实例降低成本(可选)"页面
任务	任务实例运行 Hadoop 任务。任务实例不使用 HDFS 存储数据。使用任务节点时，这些节点包含在一个任务实例组中。有关 Amazon EMR 实例组的更多信息，请参阅"实例组"页面 EC2 instance type(EC2 实例类型)确定了用于启动 Amazon EMR 任务节点的虚拟服务器的类型。选择的实例类型将确定节点的虚拟计算环境：处理能力、存储容量、内存等。有关 Amazon EMR 支持的实例类型的更多信息，请参阅"虚拟服务器配置"页面。Hadoop 2.x 的默认任务实例类型是 m1.medium。该实例类型适用于测试、开发和轻型工作负载 默认情况下，任务节点的 Count(数量)被设置为 0。可选择结合使用任务节点和 Amazon EMR 当任务节点的实例数量为 0 时，不会创建任务实例组 Request spot(请求竞价)默认处于未选中状态。此选项指定是否在竞价型实例上运行任务节点。有关使用竞价型实例的更多信息，请参阅"通过竞价型实例降低成本(可选)"页面

- 在 Security and Access(安全与访问)部分，从列表中选择你的 EC2 key pair(EC2 密钥对)并接受其余默认选项。表 8-5 定义了这些选项。

表 8-5　安全与访问

字段	操作
EC2 密钥对	默认情况下，EC2 密匙对选项设置为 Proceed without an EC2 key pair(在没有 EC2 密钥对的情况下继续)。此选项可防止使用 SSH 连接到主节点、核心节点和任务节点。应该从列表中选择你的 Amazon EC2 密钥对 有关创建密钥对的更多信息，请参阅"创建 Amazon EC2 密钥对和 PEM 文件"页面，链接为 http://docs.aws.amazon.com/zh_cn/ElasticMapReduce/latest/DeveloperGuide/emr-plan-access-ssh.

（续表）

字段	操作
EC2 密钥对	html#CreateEC2KeyPair 有关使用 SSH 连接到主节点的更多信息，请参阅"连接到集群"页面，链接为 http://docs.aws.amazon.com/zh_cn/ElasticMapReduce/latest/DeveloperGuide/emr-connect-master-node.html
IAM 用户权限	All other IAM users(所有其他 IAM 用户)默认处于选中状态。选中此选项后，AWS 账户下的所有 IAM 用户均可查看并访问该集群 如果选择 No other IAM users(无其他 IAM 用户)，那么只有当前 IAM 用户能够访问该集群 有关配置集群访问权限的更多信息，请参阅"配置 IAM 用户权限"页面，链接为 http://docs.aws.amazon.com/zh_cn/ElasticMapReduce/latest/DeveloperGuide/emr-plan-access-iam.html
IAM 角色	系统将自动选择 Default(默认)。此选项将生成默认 EMR 角色和默认 EC2 实例配置文件。使用控制台创建集群时，需要 EMR 角色和 EC2 实例配置文件 如果选择 Custom(自定义)，可以指定自己的 EMR 角色和 EC2 实例配置文件。有关结合使用 IAM 角色和 Amazon EMR 的更多信息，请参阅"为 Amazon EMR 配置 IAM 角色"页面，链接为 http://docs.aws.amazon.com/zh_cn/ElasticMapReduce/latest/DeveloperGuide/emr-iam-roles.html

- 在 Bootstrap Actions(引导操作)部分，接受默认选项(无)。引导操作是指在每个集群节点上启动 Hadoop 之前，需要在设置阶段执行脚本。可以使用引导操作来安装其他软件，并对应用程序进行自定义。本节不使用引导操作。有关使用引导操作的更多信息，请参阅"(可选)创建引导操作以安装其他软件"页面，链接为 http://docs.aws.amazon.com/zh_cn/ElasticMapReduce/latest/DeveloperGuide/emr-plan-bootstrap.html。
- 在 Steps(步骤)部分，接受默认选项。表 8-6 定义了这些选项。

表 8-6　步骤说明

字段	操作
添加步骤	默认情况下，不会配置用户定义的步骤 步骤是指向集群提交的工作单位。步骤可能包含一个或多个 Hadoop 作业，也可能包含有关安装或配置应用程序的说明

= 亚马逊AWS云基础与实战 =

(续表)

字段	操作
自动终止	默认情况下，自动终止设置为 No(否)。这样可以确保集群始终运行，直到将其终止 如果将自动终止设置为Yes(是)，集群将在最后一个步骤完成后自动终止。有关将工作提交到集群的更多信息，请参阅"向集群提交工作"页面，链接为 http://docs.aws.amazon.com/zh_cn/ElasticMapReduce/latest/DeveloperGuide/AddingStepstoaJobFlow.html

- 单击"Create Cluster"(创建集群)选项，打开 Cluster Details 页面。
- 继续执行下一步，将 Hive 脚本运行为集群步骤，并使用 Hue Web 界面查询数据。

8.6　Amazon EMR 的概念

借助 Amazon EMR，可以分析和处理巨量数据。它通过在 Amazon 云上运行的虚拟服务器集群中分配计算工作来实现此目的。使用名为 Hadoop 的开源框架管理该集群。

Hadoop 使用称为 MapReduce 的分布式处理架构，其中的任务被映射到一组服务器以供处理。然后，由这些服务器执行的计算结果将减少为单个输出集。其中一个节点被指定为主节点，它控制任务的分配。图 8-1 所示为具有主节点的 Hadoop 集群，该主节点引导一组从属节点来处理数据。

Amazon EMR 已增强了 Hadoop 和其他开源应用程序，以便与 AWS 无缝协作。例如，在 Amazon EMR 上运行的

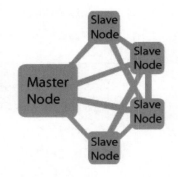

图 8-1　具有主节点的 Hadoop 集群

Hadoop 集群使用 EC2 实例作为虚拟 Linux 服务器用于主节点和从属节点，将 Amazon S3 用于输入和输出数据的批量存储，并将 CloudWatch 用于监控集群性能和发出警报。还可以使用 Amazon EMR 和 Hive 将数据迁移到 DynamoDB 以及从中迁出。所有这些操作都由启动和管理 Hadoop 集群的 Amazon EMR 控制软件进行编排。这个流程名为 Amazon EMR 集群。

图 8-2 演示了 Amazon EMR 如何与其他 AWS 服务交互。

在 Hadoop 架构顶层运行的开源项目也可以在 Amazon EMR 上运行。最流行的应用程序，例如 Hive、Pig、HBase、DistCp 和 Ganglia，都已与 Amazon EMR 集成。

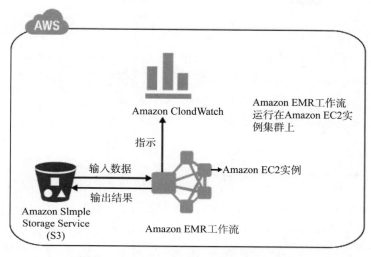

图 8-2　Amazon EMR 与其他 AWS 服务交互

通过在 Amazon EMR 上运行 Hadoop，可以从云计算获得以下好处：

- 能够在几分钟内调配虚拟服务器集群。
- 可以扩展集群中虚拟服务器的数量来满足计算需求，而且仅需按实际使用量付费。
- 与其他 AWS 服务集成。

8.6.1　Amazon EMR 有什么用途

Amazon EMR 可简化在 AWS 上运行的 Hadoop 及相关的大数据应用程序。可以用它来管理和分析海量数据。例如，可以将集群配置为处理多个 PB 的数据。

1. Amazon EMR 上的 Hadoop 编程

为了开发和部署自定义 Hadoop 应用程序，过去需要获取大量硬件来测试 Hadoop 程序。Amazon EMR 可使用户轻松地以虚拟服务器的方式运行一组 EC2 实例，以便运行 Hadoop 集群。可以运行各种各样的服务器配置，如完全加载的生产服务器和临时测试服务器，而无须购买或重新配置硬件。Amazon EMR 可让你轻松地配置和部署始终处于开启状态的生产集群，还可以轻松地在开发和测试阶段完成后终止未使用的测试集群。

Amazon EMR 提供了若干种方法来运行 Hadoop 应用程序，具体方法取决于所开发程序的类型和打算使用的库：

1) 自定义 JAR。运行用 Java 编写的自定义 MapReduce 程序。运行自定义 JAR 将让你能够对 MapReduce API 进行低级别访问。你负责在 Java 应用程序中定义和实施 MapReduce 任务。

2) Cascading。使用 Cascading Java 库运行应用程序，该库可以提供拆分和合并数据流等功能。使用 Cascading Java 库可以简化应用程序的开发。借助 Cascading，仍然可以像使用自定义 JAR 应用程序一样访问低级别的 MapReduce API。

3) 流媒体传输。根据上传到 Amazon S3 的 Map 和 Reduce 函数运行 Hadoop 任务。可以使用以下受支持的语言之一来执行这些功能：Ruby、Perl、Python、PHP、R、Bash 和 C++。

2. Amazon EMR 上的数据分析和处理

可以使用 Amazon EMR 分析和处理数据，无须编写任何代码。因为有多个开源应用程序在 Hadoop 之上运行，所以可以运行 MapReduce 任务，可以使用类似于 SQL 的语法或名为 Pig Latin 的专用语言来操作数据。Amazon EMR 与 Apache Hive 和 Apache Pig 相集成。

3. Amazon EMR 上的数据存储

分布式存储是在分布式网络上存储大量数据的一种方式，分布式网络中的计算机具有用来防止数据丢失的冗余。Amazon EMR 与 Hadoop 分布式文件系统(HDFS)和 Apache HBase 相集成。

4. 使用 Amazon EMR 迁移数据

可以使用 Amazon EMR 将大量数据迁移到数据库和数据存储，以及从中迁出。通过分配该工作，可以快速迁移数据。Amazon EMR 提供了自定义库，用于在 Amazon S3、DynamoDB 和 Apache HBase 中移进和移出数据。

8.6.2 Amazon EMR 的功能

在 AWS 上使用 Amazon EMR 运行 Hadoop 可提供许多优势。

1. 可调整大小的集群

在 Amazon EMR 上运行 Hadoop 集群时，可以非常容易地根据处理需求增减集群中虚拟服务器的数量。添加或删除服务器会花费时间，但也比在物理服务器上运行的集群中进行类似的更改要快得多。

2. 仅按实际用量付费

通过在 Amazon EMR 上运行集群，只需支付所使用计算资源的费用。不用支付硬件维修和升级方面的日常开销，也不必为了满足峰值需求而预先购买额外的容量。例如，如果每天的集群处理数据量在星期一达到峰值，那么可以将星期一的集群服务器数量添加到 50 台，而将每周其他天的集群服务器数量降低到 10 台。在每周的其他天，不必像在使用物理服务器的情况下那样支付其他 40 台服务器的维护费用。有关详细信息，请参阅 "Amazon Elastic MapReduce 定价" 页面。

3. 易于使用

在 Amazon EMR 上启动集群时，Web 服务会分配虚拟服务器实例，并为你配置好必需的软件。在几分钟内，就可以拥有一个配置完毕的、随时可运行 Hadoop 应用程序的集群。

4. 使用 Amazon S3 或 HDFS

在 Amazon EMR 集群上安装的 Hadoop 版本是与 Amazon S3 集成的，这意味着可以将输入数据与输出数据存储在 Amazon S3 中、集群上的 HDFS 中或者混合存储在两者之中。可以从 Amazon EMR 集群上运行的应用程序中以文件系统的方式访问 Amazon S3。

5. 平行集群

如果输入数据存储在 Amazon S3 中，那么拥有的多个集群可以同时访问相同的数据。

6. Hadoop 应用程序支持

可以在 Amazon EMR 上使用流行的 Hadoop 应用程序，如 Hive、Pig 和 HBase。

7. 借助竞价型实例节省成本

竞价型实例提供了一种打折购买供集群使用的虚拟服务器的方法。在 AWS 中，多余容量是根据供需情况按浮动价格提供的。设置一个自己希望为某类虚拟服务器配置支付的最高出价。当该类服务器的竞价型实例价格低于你的出价时，这些服务器就被添加到你的集群中，并按现货价格费率给你计费。当现货价格上涨并超出你的出价时，这些服务器会终止运行。

8. AWS 集成

Amazon EMR 是与其他 AWS 集成的，如 Amazon EC2、Amazon S3、DynamoDB、Amazon RDS、CloudWatch 和 AWS Data Pipeline。这意味着可以轻松地从集群中访问存储在 AWS 中的数据，并且可以利用 AWS 的其他功能管理集群和存储集群的输出。

例如，可以使用 Amazon EMR 分析 Amazon S3 中存储的数据，并将结果输出到 Amazon RDS 或 DynamoDB 中。通过使用 CloudWatch，可以监控集群的性能，并使用 AWS Data Pipeline 自动处理定期集群。随着新服务的添加，还可以利用这些新的技术。

9. 实例选项

当在 Amazon EMR 上启动集群时，可以指定集群中使用的虚拟服务器的规模和功能，这样就可以根据集群的处理需要搭配虚拟服务器。可以通过选择虚拟服务器实例，改善成本、提高性能或存储大量数据。

例如，可以启动一个带有高存储虚拟服务器的集群托管数据仓库，然后在虚拟服务器上启动另一个具有高内存虚拟服务器的集群以提高性能。因为不会像在使用物理服务器时一样锁定到给定的硬件配置中，所以可以根据需求调整每个集群。

10. MapR 支持

Amazon EMR 支持多个 MapR 分配。

11. 商业智能工具

Amazon EMR 集成了各种流行的商业智能(BI)工具，如 Tableau、MicroStrategy 和 Datameer。

12. 用户控件

当使用 Amazon EMR 启动集群时，拥有该集群的根目录访问权限，可以在 Hadoop 启动前安装软件和配置集群。

13. 管理工具

可以使用 Amazon EMR 控制台(基于网络的用户界面)、命令行界面、Web 服务 API 和各种软件开发工具包管理集群。

14. 安全性

可以运行 Amazon VPC 中的 Amazon EMR，并在其中配置网络和安全规则。Amazon EMR 还支持 IAM 用户和角色，可以使用这些用户和角色控制集群的访问权限和限制他人可以在集群上执行的操作的权限。

8.6.3　Amazon EMR 是如何工作的

Amazon EMR 服务可用于运行 AWS 上托管的 Hadoop 集群。Hadoop 集群是一组相互协作的服务器，通过在服务器之间分配工作和数据来执行各种计算任务。这些任务可能是分析数据、存储数据、移动数据和转换数据。通过使用在集群中连接在一起的多台计算机，就可以运行各种任务，处理或者储(PT 级)巨量数据。

当 Amazon EMR 启动 Hadoop 集群时，它会在 Amazon EC2 提供的虚拟服务器上运行集群。Amazon EMR 增强了它在服务器上安装的 Hadoop 版本，以便与 AWS 无缝协作。这提供了几个优势，详情请参阅"Amazon EMR 功能"页面，链接为 http://docs.aws.amazon.com/zh_cn/ElasticMapReduce/latest/DeveloperGuide/emr-features.html。

除了将 Hadoop 与 AWS 集成之外，Amazon EMR 还针对分布式处理添加了一些新的概念，如节点和步骤。

1. Hadoop

Apache Hadoop 是一种开源 Java 软件框架，支持跨越一组服务器处理大量数据，可以在一台服务器或成千上万台服务器上运行。Hadoop 使用名为 MapReduce 的编程模型在多个服务器之间分配处理工作。此外，它还实施了一个名为 HDFS 的分布式文件系统，在多台服务器之间存储数据。Hadoop 监控集群中的服务器运行状况，并可以从一个或更多节点的故障中恢复。通过这种方法，Hadoop 不仅提高了处理和存储容量，而且实现了高可用性。

更多相关信息，请参阅 http://hadoop.apache.org。

1) MapReduce。MapReduce 是一种用于分布式计算的编程模型，通过处理(除 MapReduce 功能外)所有逻辑简化了编写平行分布式应用程序的过程。Map 函数将数据映射到一系列名为中间结果的密钥/值对上。Reduce 函数则汇总这些中间结果、应用其他计算方法并生成最终输出。

更多相关信息，请参阅 http://wiki.apache.org/hadoop/HadoopMapReduce。

2) HDFS。HDFS 是一种分布式的、可扩展的便携式文件系统，供 Hadoop 使用。HDFS 将它所存储的数据在集群中的服务器之间进行分配，从而在不同的服务器上存储多份数据副本，确保在单台服务器发生故障的情况下不会出现数据的丢失。HDFS 属于一种暂时性存储，会在集群终止时收回。

HDFS 可用于缓存 MapReduce 处理期间的中间结果，或者作为一种数据仓库的基础，供长时间运行的集群使用。

更多相关信息，请参阅 http://hadoop.apache.org/docs/stable/hadoop-project-dist/hadoop-hdfs/HdfsUserGuide.html。

Amazon EMR 扩展了 Hadoop，添加了以类似 HDFS 文件系统的方式引用 Amazon S3 中所存储数据的功能。在集群中，可以将 HDFS 或 Amazon S3 用作文件系统。不过，如果在 Amazon S3 中存储中间结果，请务必知晓，数据会在集群和 Amazon S3 中的每个从属节点之间进行流式传输。这有可能超出 Amazon S3 每秒 200 个事务的限制。Amazon S3 最常用于存储在 HDFS 中存储的输入和输出数据及中间结果。

3) 作业与任务。在 Hadoop 中，作业是一种工作单位。每个作业可以包括一个或多个任务，而每个任务可能会尝试一次或多次，直到成功。Amazon EMR 给 Hadoop 添加了一种新的工作单位，即步骤，它可以包含一个或多个 Hadoop 作业。更多相关信息，请参阅"步骤"页面，链接为 http://docs.aws.amazon.com/zh_cn/ElasticMapReduce/latest/DeveloperGuide/emr-steps.html。

可以通过各种方式将工作提交到集群中。更多相关信息，请参阅"如何向集群发送工作"页面，链接为 http://docs.aws.amazon.com/zh_cn/ElasticMapReduce/latest/DeveloperGuide/emr-work-cluster.html。

4) Hadoop 应用程序。Hadoop 是一种流行的开源分布式计算架构。其他开源应用程序(如 Hive、Pig 和 HBase)在 Hadoop 顶层运行，并通过添加各种功能扩展自己的功能，如查询集群上存储的数据和数据仓库功能。

2. 节点

Amazon EMR 为集群中的服务器定义了三种角色。这三种角色分别对应三种实例：主实例、核心实例和任务实例。Amazon EMR 节点类型与 Hadoop 中定义的主角色和从角色是一一对应的。

1) 主节点——管理集群：协调将 MapReduce 可执行文件和原始数据子集分配到核心实例组和任务实例组。此外，它还会跟踪每个任务的执行状态，监控实例组的运行状况。一个集群中只有一个主节点，与 Hadoop 主节点映射。

2) 核心节点：使用 HDFS 运行任务和存储数据，与 Hadoop 从属节点映射。

3) 任务节点(可选)：运行任务，与 Hadoop 从属节点映射。

3. 步骤

Amazon EMR 定义了名为步骤的工作单位，它可以包含一个或多个 Hadoop 作业。步骤是一种关于如何处理数据的说明。例如，处理加密数据的集群可以包含以下步骤：

步骤 1：解密数据。

步骤 2：处理数据。

步骤 3：加密数据。

步骤 4：保存数据。

可以通过检查步骤的状态跟踪这些步骤的进展。图 8-3 展示了一系列的步骤是如何处理的。

一个集群会包含一个或多个步骤。步骤的处理是按集群中列出的顺序执行的。步骤是按如下顺序运行的：所有步骤的状态都设置为 PENDING，第一个步骤开始运行，且步骤状态设置为 RUNNING。当该步骤完成时，步骤的状态更改为 COMPLETED。队列中的下一个步骤开始运行，且步骤的状态设置为 RUNNING。在每个步骤完成后，步骤的状态都设置为 COMPLETED，且运行队列中的下一个步骤。步骤会按此持续运行下去，直到完成所有的步骤。处理流程会返回到集群。

如果某个步骤发生故障，那么该步骤的状态会变为 FAILED，且所有带有 PENDING 状态的其他步骤会被标记为 CANCELLED。此后不再运行后续步骤，且处理将返回到集群。

数据通常使用在集群的 HDFS 上存储的文件在步骤之间进行通信。HDFS 上存储的数据只在集群运行的时候存在。当集群关闭时，会删除所有数据。集群中的最后一个步骤通常会将处理结果存储在 Amazon S3 存储桶中。

图 8-3　步骤处理过程

4. 集群

集群是一组执行工作的服务器。在 Amazon EMR 中，集群是一组以 EC2 实例形式运行的虚拟服务器。

1) 如何向集群发送工作。当在 Amazon EMR 上运行集群时，会针对如何指定所需完成的工作提供多个选项。

- 完整地定义要在 Map 和 Reduce 函数中完成的工作。对于那些处理固定的数据量并在处理完成时终止的集群，通常会采取这种做法。
- 创建长时间运行的集群并使用控制台、Amazon EMR API、AWS CLI 或 Amazon EMR CLI 提交步骤，其中可以包含一个或多个 Hadoop 任务。
- 创建一个安装了 Hadoop 应用程序(如 Hive、Pig 或 HBase)的集群，并使用这些应用程序提供的接口以脚本或交互方式提交查询。
- 创建长时间运行的集群、连接该集群并使用 Hadoop API 提交 Hadoop 任务。详细信息请参阅 http://hadoop.apache.org/docs/current/api/org/apache/hadoop/mapred/JobClient.html。

2) 集群的生命周期。图 8-4 展示了集群的生命周期以及每个阶段是如何映射到具体的集群状态的。

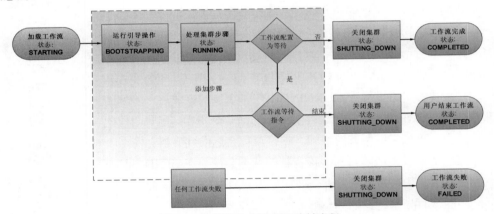

图 8-4　集群的生命周期及映射流程

成功的 Amazon EMR 集群遵循如下流程：Amazon EMR 先配置 Hadoop 集群，在此期间，集群的状态是 STARTING。接着，运行任何用户定义的引导操作。在此期间，集群的状态是 BOOTSTRAPPING。在所有引导操作完成后，集群的状态是 RUNNING。在此期间，任务流程会按顺序运行所有的集群步骤。

如果通过启用"keep alive"将集群配置为长时间运行的集群，那么集群会在处理完成后等待下一组说明时进入 WAITING 状态。必须在不再需要该集群时手动终止该集群。

如果将集群配置为暂时性的集群，那么它将在所有的步骤完成后自动关闭。

当集群在没有遇到错误的情况下终止时，它的状态会转换为 SHUTTING_DOWN，且集群会关闭，从而终止虚拟服务器实例。集群上存储的所有数据都会被删除。在其他地方(如

Amazon S3 存储段中)存储的信息会保存下来。最后,当所有的集群活动完成时,集群的状态会标记为 COMPLETED。

除非启用了终止保护,否则集群流程期间的任何故障都会终止该集群及其所有的虚拟服务器实例。集群上存储的任何数据都会被删除。集群的状态会标记为 FAILED。

8.6.4 为 Amazon EMR 提供了什么工具

有多种可以和 Amazon EMR 交互的方式:

- Console(控制台):这是一种图形界面,可用于启动和管理集群。借助这个界面,可以填写各种 Web 窗体,指定待启动集群的详细信息、查看现有集群的详细信息、调试和终止集群。使用控制台是开始使用 Amazon EMR 的最简单方式。不需要编程知识。控制台是在线提供的,网址是https://console.aws.amazon.com/elasticmapreduce/。

- AWS CLI(命令行界面):一种可在本地计算机上运行的客户端应用程序,用于连接 Amazon EMR 以及创建和管理集群。AWS CLI 包含特定于 Amazon EMR 的功能丰富的命令集。可以用它编写脚本,以实现启动和管理集群的自动化。如果希望从命令行工作,最好的选择是使用 AWS CLI。有关使用 AWS CLI 的更多信息,请参阅 http://docs.aws.amazon.com/cli/latest/reference/emr。

- Amazon EMR CLI:一种可在本地计算机上运行的旧式客户端应用程序,用于连接 Amazon EMR 以及创建和管理集群。可以用它来编写脚本,以实现启动和管理集群的自动化。Amazon EMR CLI 的功能开发已停止。我们鼓励使用 Amazon EMR CLI 的客户迁移至 AWS CLI。新用户应该下载 AWS CLI 而不是 Amazon EMR CLI。有关使用 Amazon EMR CLI 的更多信息,请参阅 "Amazon EMR 的命令行界面参考" 页面,链接为 http://docs.aws.amazon.com/zh_cn/ElasticMapReduce/latest/DeveloperGuide/emr-cli-reference.htm。

- SDK:AWS 提供了一个带有各种函数的软件开发工具包,这些函数会调用 Amazon EMR 来创建和管理集群。借助该软件开发工具包,可以编写应用程序,用于自动处理集群的创建和管理流程。如果希望扩展或自定义 Amazon EMR 的功能,那么软件开发工具包是最好的选择。可以从 http://aws.amazon.com/sdkforjava/下载适用于 Java 的 AWS 开发工具包。有关 AWS 软件开发工具包的详细信息,请参阅 "当前 AWS 软件开发工具包列表" 页面,链接为 http://aws.amazon.com/search?searchPath=all&searchQuery=AWS + SDK&x=0&y=0。库可用于 Java、C#、VB.NET 和 PHP。更多相关信息,请参阅 "示例代码和库" 页面,链接为 http://aws.amazon.com/code/Elastic-MapReduce。

● Web 服务 API：AWS 提供低级别的界面，可以用来直接使用 JSON 调用 Web 服务。如果想要创建调用 Amazon EMR 的自定义软件开发工具包，最好的选择使用该 API。更多详细信息，请参阅"Amazon EMR API Reference"页面，链接为 http://docs.aws.amazon.com/ElasticMapReduce/latest/API/Welcome.html。

表 8-7 比较了各种 Amazon EMR 界面的功能。

表 8-7　各种 Amazon EMR 界面的功能

函数	控制台	AWS CLI	API、软件开发工具包和库
创建多个集群	✓	✓	✓
定义集群中的引导操作	✓	✓	✓
使用图形界面查看 Hadoop 作业、任务和任务尝试的日志	✓		
以编程的方式实施 Hadoop 数据处理			✓
实时监控集群	✓		
提供详细的集群信息		✓	✓
调整正在运行的集群的大小	✓	✓	✓
通过多个步骤运行集群	✓	✓	✓
选择 Hadoop、Hive 和 Pig 的版本	✓		
以多种计算机语言指定 MapReduce 可执行文件	✓	✓	✓
指定用于处理数据的 EC2 实例的个数和类型	✓	✓	✓
自动处理数据在 Amazon S3 之间的传输	✓	✓	✓
终止集群	✓	✓	✓

8.7　Amazon EMR 上常用的 Hadoop 工具

8.7.1　Hive 和 Amazon EMR

Hive 是一种开源数据仓库和分析套装软件，在 Hadoop 的顶层运行。Hive 脚本使用类似于 SQL 的语言，名为 HiveQL(一种查询语言)，该语言会提取 MapReduce 编程模型和支持典型的数据仓库交互。Hive 可避免以低级别的计算机语言(如 Java)编写 MapReduce 程序这样的复杂工作。

　　Hive 包括序列化格式及调用映射器和 Reducer 脚本的功能，从而扩展了 SQL 的模式。SQL 仅仅支持原始值类型(如日期、数字和字符串)；与此相反，Hive 表中的值是结构化元素，如 JSON 数据元、任何用户定义的数据类型或以 Java 编写的任何函数。

　　有关 Hive 的详细信息，请访问网址http://hive.apache.org/。

　　Amazon EMR 提供对 Apache Hive 的支持。Amazon EMR 支持可在任何正在运行的集群上安装的多个 Hive 版本。Amazon EMR 还可让你同时运行多个版本，从而控制 Hive 版本的升级。下面我们介绍部分使用 Amazon EMR 的 Hive 配置。

8.7.2　Impala 和 Amazon EMR

　　Impala 是 Hadoop 生态系统的开源工具，用于使用 SQL 语法进行的交互式、专门查询。它不使用 MapReduce，而是利用与传统关系型数据库管理系统(RDBMS)中的引擎类似的大规模并行处理(MPP)引擎。利用此架构，可以非常快速地查询 HDFS 或 HBase 表中的数据，利用 Hadoop 的功能处理不同数据类型并在运行时提供架构。这使 Impala 适合于进行交互式、低延迟分析。此外，Impala 还使用 Hive 元数据仓保存有关输入数据的信息，包括分区名称和数据类型。

　　　　　Amazon EMR 上的 Impala 需要运行 Hadoop 2.x 或更高版本的 AMI。

　　Amazon EMR 上的 Impala 支持以下内容:
- SQL 和 HiveQL 命令的大型子集。
- 在 HDFS 和 HBase 中查询数据。
- 使用 ODBC 和 JDBC 驱动程序。
- 针对每个 Impala 后台程序的并发客户端请求。
- Kerberos 身份验证。
- 分区表。
- 使用 INSERT 语句将数据附加和插入到表中。
- 多种 HDFS 文件格式和压缩编解码器。更多相关信息，请参阅"Impala 支持的文件和压缩格式"页面。

　　有关 Impala 的更多信息，请访问 http://en.wikipedia.org/wiki/Cloudera_Impala。

1. Impala 可以用来做什么

与将 Hive 用于 Amazon EMR 类似，通过将 Impala 用于 Amazon EMR 可以实现使用 SQL 语法的复杂数据处理应用程序。但是，在特定的使用案例中，Impala是为实现更快的执行速度而构建的(参阅下文)。借助 Amazon EMR，可以使用 Impala 作为可靠的数据仓库来执行任务，如数据分析、监控和商业智能。下面是三个使用案例：

● 在长时间运行的集群上使用 Impala(而非 Hive)执行即席查询。Impala 将交互式查询时间缩短为数秒，是一款优秀的快速调查工具。可以在与批处理 MapReduce 工作流程相同的集群上运行 Impala，在长时间运行的分析集群上将 Impala 与 Hive 和 Pig 一起使用，或创建专为 Impala 查询而优化的集群。

● 在临时 Amazon EMR 集群上将 Impala(而非 Hive)用于批处理 ETL 任务。对于许多查询而言，Impala 比 Hive 更快，这样可为这些工作负载提供更好的性能。与 Hive 一样，Impala 使用 SQL，因此可以方便地将查询从 Hive 修改为 Impala。

● 将 Impala 与第三方商业智能工具结合使用。将客户端 ODBC 或 JDBC 驱动程序与集群连接，使用 Impala 作为强大的可视化工具和控制面板的引擎。

批处理和交互式 Impala 集群都可以在 Amazon EMR 中创建。例如，可以让长时间运行的 Amazon EMR 集群运行 Impala 以用于交互式即席查询，或将临时 Impala 集群用于快速 ETL 工作流程。

2. 与传统关系型数据库之间的区别

传统关系型数据库系统具有事务语义和数据库原子性、一致性、隔离性和持久性(ACID)的属性。它们还允许对表进行索引和缓存，以便非常快速地检索少量数据，快速更新少量数据和强制执行引用完整性约束。通常，它们在单台大型计算机上运行，不支持对用户定义的复杂数据类型进行操作。

Impala 使用与 RDBMS 中类似的分布式查询系统，查询在 HDFS 中存储的数据，并使用 Hive 元存储来保存有关输入数据的信息。与 Hive 一样，在运行时提供查询的架构，可以更方便地更改架构。另外，Impala 可以查询各种复杂数据类型并执行用户定义函数。但是，因为 Impala 在内存中处理数据，所以了解集群的硬件限制并优化查询以实现最佳性能非常重要。

3. 与 Hive 之间的区别

Impala 使用大规模并行处理(MPP)引擎来执行 SQL 查询，而 Hive 使用 MapReduce 执行

SQL 查询。Hive 需要创建 MapReduce 任务，Impala 没有此开销，因而查询速度比 Hive 更快。但是，Impala 使用大量内存资源，集群的可用内存会约束任何查询可以占用的内存量。Hive 在这方面没有限制，使用相同的硬件可以成功地处理更大的数据集。

通常，应将 Impala 用于快速、交互式查询，而 Hive 更适用于大数据集的 ETL 工作负载。Impala 为提高速度而构建，非常适用于专门调查，但需要大量内存来执行耗费大量资源的查询或处理非常大的数据集。因为存在这些限制，所以如果工作负载重视完成而不重视速度，建议使用 Hive。

注意　使用 Impala 时，可能会体验到性能高于 Hive(即使在使用标准实例类型时)。

8.7.3　Pig 和 Amazon EMR

Amazon EMR 支持 Apache Pig，此编程框架可用于分析和转换大型数据集。有关 Pig 的详细信息，请访问http://pig.apache.org/。Amazon EMR 支持多个版本的 Pig。

Pig 是一种开源 Apache 库，在 Hadoop 的顶层运行。该库是使用名为 Pig Latin 的语言编写的、类似于 SQL 的命令，并将这些命令转换到 MapReduce 任务中。无需使用底层计算机语言(例如 Java)来编写复杂的 MapReduce 代码。

可以通过交互方式或批处理方式执行 Pig 命令。要以交互方式使用 Pig，请创建到主节点的 SSH 连接，并使用 Grunt shell 提交命令。要以批处理方式使用 Pig，请编写 Pig 脚本，将脚本上传到 Amazon S3，并作为集群步骤提交。有关如何将工作提交到集群的更多信息，请参阅 "向集群提交工作" 页面，链接为 http://docs.aws.amazon.com/zh_cn/ElasticMapReduce/latest/DeveloperGuide/AddingStepstoaJobFlow.html。

8.7.4　使用 HBase 存储数据

HBase 是一种仿效 Google BigTable 的开源、非关系型分布式数据库。它是 Apache 软件基金会 Hadoop 项目的一部分，基于 HDFS 运行，为 Hadoop 提供与 BigTable 相似的功能。HBase 提供了一种可存储大量稀疏数据的容错、高效方法，该方法采用的是列式压缩和存储方式。此外，因为数据存储在内存中而非磁盘上，所以还可以通过 HBase 快速查找数据。在连续写入操作方面对 HBase 进行了优化，批量插入、更新和删除等操作的效率很高。

HBase 可与 Hadoop 无缝配合，从而共享其文件系统并用作 Hadoop 作业的直接输入和输出端。HBase 还可与 Apache Hive 集成(对 HBase 表启用类似 SQL 的查询)，与基于 Hive 的表结合以及支持 Java 数据库连接(JDBC)。

此外，Amazon EMR 上的 HBase 还能够将 HBase 数据直接备份到 Amazon S3 中。在启动 HBase 集群时，还可以从先前创建的备份中进行还原。

1. HBase 可以用来做什么

可以使用 HBase 随机地重复访问和修改大量数据。HBase 具有低延迟查找和范围扫描功能，且能够高效地更新和删除单项记录。

下面介绍几个 HBase 使用案例，供读者参考：

- "Reference data for Hadoop analytics" Hbase 可以与 Hadoop 和 Hive 直接集成，并且可以快速访问存储数据，因此可用于存储多项 Hadoop 任务或多个 Hadoop 集群使用的引用数据。该数据可直接存储在运行 Hadoop 任务的集群上，也可以存储在独立的集群上。分析类型包括访问人口数据、IP 地址、地理位置和产品维度数据的分析。
- "Real-time log ingestion and batch log analytics" HBase 可优化顺序数据、高效存储稀疏数据且具有高写入吞吐量，因而是实时引入日志数据的极佳解决方案。同时，它还可与 Hadoop 集成并可优化顺序读取和扫描，因而同样适用于对引入后的日志数据进行批量分析。常用案例包括引入和分析应用程序日志、点击流数据和游戏使用数据。
- "Store for high frequency counters and summary data" 计数器增量不只是数据库写入，而是读取-修改-写入，因此关系型数据库的这一操作成本非常高。然而，因为 HBase 是非关系型分布式数据库，所以它可支持更新率非常高的操作，且 HBase 采用的是一致性读取和写入方式，因而可即时访问已更新的数据。此外，如果要对数据执行更为复杂的汇总(如最值、平均值和分组计算)，可以直接运行 Hadoop 作业，然后将汇总结果反馈到 HBase 中。

8.7.5　配置 Hue 以查看、查询或操作数据

Hue 是基于 Web 的开源图形用户界面，可用于 Amazon Elastic MapReduce 和 Apache Hadoop。Hue 将多个不同的 Hadoop 生态系统项目组合在一起，形成一个可配置界面用于 Amazon EMR 集群。Amazon 还在 Amazon EMR 上添加了特定于 Hue 的自定义项。可使用 Amazon EMR 控制台启动集群，可以使用 Hue 与 Hadoop 和集群上的相关组件交互。有关 Hue 的更多信息，请访问http://gethue.com。

1. Amazon EMR 上的 Hue 有哪些主要功能

Amazon EMR 上的 Hue 支持以下对象：

- Amazon S3 和 HDFS 浏览器：如果有合适的权限，可以浏览数据，可以在临时 HDFS 存储与属于账户的 Amazon S3 存储桶之间移动数据。
- Hive：使用 Hive 编辑器可对数据运行交互式查询。这也是对编程或批处理查询进行原型创建的有用方式。
- Pig：使用 Pig 编辑器可对数据运行脚本或发出交互式命令。
- 元数据仓管理器：可用于查看和操作 Hive 元数据仓的内容(导入/创建、删除等)。
- 任务浏览器：使用任务浏览器可查看提交的 Hadoop 任务的状态。
- 用户管理：可用于管理 Hue 用户账户以及将 LDAP 用户与 Hue 集成。
- AWS 示例：有几个"准备就绪可运行"的示例，这些示例使用 Hue 中的应用程序处理来自各种 AWS 服务的示例数据。登录 Hue 后，会进入 Hue Home 应用程序，其中预安装了示例。

2. Hue 与 AWS 管理控制台

集群管理员使用 AWS 管理控制台启动和管理集群。如果需要启动安装了 Hue 的集群，也会是这种情况。另一方面，最终用户可以通过应用程序(如 Hue)与其 Amazon EMR 集群进行完全交互。Hue 充当集群上应用程序的前端，使用户可以通过对用户更友好的界面与其集群进行交互。通过 Hue 中的应用程序(如 Hive 和 Pig 编辑器)，无须登录集群就可以使用相应的 shell 应用程序以交互方式运行脚本。

3. 支持的 Hue 版本

Amazon EMR 支持的 Hue 初始版本是 Hue 3.6。

第9章 AWS CloudFormation

9.1 AWS CloudFormation 介绍

AWS CloudFormation 向开发人员和系统管理员提供了一种简便地创建和管理一批相关的 AWS 资源的方法，并通过有序且可预测的方式对其进行资源配置和更新。

可以通过使用 AWS CloudFormation 的示例模板或自己创建模板，来介绍 AWS 资源及应用程序运行时所需的任何相关依赖项或运行时参数。无须弄清预配置 AWS 服务的顺序或执行这些依赖关系工作的细微之处，CloudFormation 将为你妥善处理。部署 AWS 资源后，可以采用可控且可预测的方式修改和更新这些资源。事实上，将版本控制应用到 AWS 基础设施的方法与应用软件的方法相同。

可以通过使用 AWS 管理控制台、AWS 命令行界面或 API 对模板及其关联资源集(称为"堆栈")进行部署和更新。不必为 CloudFormation 支付额外的费用，只需支付支持应用程序的 AWS 资源费用。

9.2   AWS CloudFormation 的优势

9.2.1   广泛支持 AWS 资源

AWS CloudFormation 支持广泛的 AWS 资源，让你能够针对应用程序的需求，构建高度可用、可靠且可扩展的 AWS 基础设施。

9.2.2   易于使用

CloudFormation 使组织和部署 AWS 资源集变得更为轻松，并让你能够描述任何依赖关系或运行时传入的特殊参数。可以从许多 CloudFormation 示例模板中选用一个，既可以原样照搬，也可将其作为基础模板予以改造。

9.2.3   声明性和灵活性

要创建所需的基础设施，只需通过在 AWS 管理控制台单击几下、一个命令(使用 AWS 命令行界面)或单个请求(调用 API)，在模板中枚举所需的 AWS 资源、配置值和互连关系，然后 AWS CloudFormation 就会负责其余所有工作。不需要记住如何通过服务 API 创建对应的 AWS 资源和建立互连等细节，AWS CloudFormation 将为你妥善处理。如果按照 AWS CloudFormation 自带的多个示例模板之一开始工作，就不需要重新编写模板。

9.2.4   基础设施即代码

模板可以用于重复创建同一堆栈的相同副本(或者作为创建新堆栈的基础)。通过模板，可以获知和控制特定于区域的基础设备的变化情况，如 Amazon EC2 AMI，以及 Amazon EBS 和 Amazon RDS 快照名称等的变化。模板是简单的 JSON 格式文本文件，可以置于正常源代码控制机制下，存储在 Amazon S3 等专用或公用位置，并能通过电子邮件进行交换。借助 AWS CloudFormation，可以深入了解，以准确地查看哪些 AWS 资源可以形成堆栈。对于作为堆栈的一部分而创建的 AWS 资源，可以完全控制并修改它们。

9.2.5　通过参数实现自定义

构建堆栈时，可以使用参数在运行时自定义模板的各个方面。例如，创建堆栈时，可以将 RDS 数据库大小、EC2 实例类型、数据库和 Web 服务器端口号传输到 AWS CloudFormation。也可以通过参数建立模板，创建多个堆栈，以可控制的方式对它们加以区分。例如，如果接收的美国客户流量比欧洲的多，那么 Amazon EC2 实例类型、Amazon CloudWatch 警报阈值和 Amazon RDS 只读副本的设置可能会在 AWS 地区之间有所不同。可以利用模板参数对各个地区的设置和阈值分别进行小幅调整，但仍需要确保各个地区的应用程序部署是一致的。

9.2.6　便于集成

可以将 AWS CloudFormation 与所选的开发和管理工具集成。

AWS CloudFormation 通过 Amazon SNS 公布进度事件。借助 SNS，可通过电子邮件跟踪堆栈的创建和删除进度，以编程方式和其他流程集成。

9.3　什么是 AWS CloudFormation

AWS CloudFormation 是一项服务，可帮助对 AWS 资源进行建模和设置，以便能花较少的时间管理这些资源，而将更多的时间花在运行于 AWS 中的应用程序上。创建一个描述所需的所有 AWS 资源(如 Amazon EC2 实例或 Amazon RDS 数据库实例)的模板，并且 AWS CloudFormation 将负责设置和配置这些资源。无须单独创建和配置 AWS 资源并了解它们，AWS CloudFormation 句柄处理所有这些工作时所依赖的内容。以下方案演示了 AWS CloudFormation 如何提供帮助。

1. 简化基础设施管理

对于还包括后端数据库的可扩展 Web 应用程序，可以使用自动伸缩组、负载均衡器和数据库实例。通常，可以使用每个单独的服务来配置这些资源。在创建资源后，必须将这些资源配置为结合使用。在应用程序启动并正常运行之前，所有这些任务会增加复杂性和时间。

相反，可以创建或修改现有 AWS CloudFormation 模板，得到一个描述了所有资源及其属性的模板。当使用该模板创建 AWS CloudFormation 堆栈时，AWS CloudFormation 将为你配置自动伸缩组、负载均衡器和数据库。成功创建堆栈之后，AWS 资源将正常运行。可以轻松删除堆栈，这将删除堆栈中的所有资源。通过使用 AWS CloudFormation，可以轻松地将一组资源作为一个单元进行管理。

2. 快速复制基础设施

如果应用程序需要其他可用性，可在多个区域中复制它，以便在一个区域变得不可用的情况下，用户仍可在其他区域中使用该应用程序。复制应用程序的难点在于还需要复制资源。不仅需要记录应用程序所需的所有资源，还必须在每个区域中设置和配置这些资源。

在使用 AWS CloudFormation 时，可重复使用模板，不断地重复设置资源。仅描述资源一次，然后在多个区域中反复配置相同的资源。

3. 轻松控制和跟踪对基础设施所做的更改

在某些情况下，可能拥有增量升级所需的基础资源。例如，可能在自动伸缩启动配置中更改为更高的执行实例类型，以便能减小自动伸缩组中的最大实例数。如果完成更新后出现问题，可能需要将基础设施回滚到原始设置。要手动执行此操作，不仅必须记住已发生更改的资源，还必须知道原始设置是什么。

当使用 AWS CloudFormation 配置基础设施时，AWS CloudFormation 模板准确描述了所配置的资源及其设置。由于这些模板是文本文件，因此只需跟踪模板中的区别即可跟踪对基础设施所做的更改，其方式类似于开发人员控制对源代码所做修订的方式。例如，可以将版本控制系统用于模板，以便准确了解所做的更改、执行更改的人员和时间。如果在任何时候需要撤消对基础设施所做的更改，可使用模板的上一个版本。

9.3.1　AWS CloudFormation 的概念

在使用 AWS CloudFormation 时，将使用模板和堆栈。可创建模板来描述 AWS 资源及其属性。当创建堆栈时，AWS Cloud Formation 会配置模板中描述的资源。

1. 模板

AWS CloudFormation 模板是一个文本文件，其格式符合 JSON 格式标准。可以使用任何扩展名(如.json、.template 或.txt)保存这些文件。AWS CloudFormation 使用这些模板作为用于构建 AWS 资源的蓝图。例如，在模板中，可描述 Amazon EC2 实例，如实例类型、AMI ID、块储存设备映射以及 Amazon EC2 密钥对名称。当创建堆栈时，还可以指定 AWS

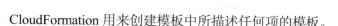

CloudFormation 用来创建模板中所描述任何项的模板。

　　例如，如果使用以下模板创建堆栈，AWS CloudFormation 将使用 ami-12345678 AMI ID、t1.micro 实例类型、testkey 密钥对名称和 Amazon EBS 卷配置实例：

```
{
    "AWSTemplateFormatVersion" : "2010-09-09",
    "Description" : "A sample template",
    "Resources" : {
      "MyEC2Instance" : {
        "Type" : "AWS::EC2::Instance",
        "Properties" : {
          "ImageId" : "ami-12345678",
          "InstanceType" : "t1.micro",
          "KeyName" : "testkey",
          "BlockDeviceMappings" : [
            {
              "DeviceName" : "/dev/sdm",
              "Ebs" : {
                "VolumeType" : "io1",
                "Iops" : "200",
                "DeleteOnTermination" : "false",
                "VolumeSize" : "20"
              }
            }
          ]
        }
      }
    }
}
```

　　还可以在单个模板中指定多种资源并将这些资源配置为结合使用。例如，可以修改上一个模板来包含一个弹性 IP(EIP)并将其与 Amazon EC2 实例相关联，如下所示：

```
{
    "AWSTemplateFormatVersion" : "2010-09-09",
    "Description" : "A sample template",
    "Resources" : {
      "MyEC2Instance" : {
        "Type" : "AWS::EC2::Instance",
        "Properties" : {
          "ImageId" : "ami-2f726546",
          "InstanceType" : "t1.micro",
```

```
        "KeyName" : "testkey",
        "BlockDeviceMappings" : [
          {
            "DeviceName" : "/dev/sdm",
            "Ebs" : {
              "VolumeType" : "io1",
              "Iops" : "200",
              "DeleteOnTermination" : "false",
              "VolumeSize" : "20"
            }
          }
        ]
      }
    },
    "MyEIP" : {
      "Type" : "AWS::EC2::EIP",
      "Properties" : {
        "InstanceId" : {"Ref": "MyEC2Instance"}
      }
    }
  }
}
```

　　之前的模板以 Amazon EC2 实例为中心；但 AWS CloudFormation 模板还具有其他功能，可以利用这些功能构建复杂的资源集并在许多环境中重新使用这些模板。例如，可以添加输入参数，其值是在创建 AWS CloudFormation 堆栈时指定的。换句话说，可以在创建堆栈而不是创建模板时指定一个值(如实例类型)，以便在不同的情况下更轻松地重新使用模板。

2. 堆栈

　　在使用 AWS CloudFormation 时，可将相关资源作为一个被称为"堆栈"的单元进行管理。换句话说，可以通过创建、更新和删除堆栈来创建、更新和删除一系列资源。堆栈中的所有资源均由堆栈的 AWS CloudFormation 模板定义。假设创建了一个包括自动伸缩组、负载均衡器和数据库实例的模板。要创建这些资源，可通过提交已创建的模板来创建堆栈，AWS CloudFormation 将会为你配置所有这些资源。要更新资源，可以先修改原始堆栈模板，然后通过提交修改后的模板更新堆栈。可以通过使用 AWS CloudFormation 控制台、API 或 AWS CLI 来使用堆栈。

9.3.2　AWS CloudFormation 是如何运行的

创建堆栈时，AWS CloudFormation 对 AWS 进行基础服务调用以部署和配置资源。请注意，AWS CloudFormation 只能执行你有权执行的操作。例如，要使用 AWS CloudFormation 创建 Amazon EC2 实例，需要具有创建实例的权限。在删除带实例的堆栈时，将需要用于终止实例的类似权限。可以使用 AWS Identity and Access Management 管理权限。

1. 创建堆栈工作流程

AWS CloudFormation 进行的调用全部由模板声明。例如，假设有一个描述带 t1.micro 实例类型的 Amazon EC2 实例的模板。当使用该模板创建堆栈时，AWS CloudFormation 将调用 Amazon EC2 实例创建 API 并将实例类型指定为 t1.micro。图 9-1 所示为 AWS CloudFormation 创建堆栈的工作流程。

1. 创建或者使用　　2. 存在本地或者　　3. 使用 AWS CloudFormation　　AWS CloudFormation 构建
　　现有模板　　　　　S3 存储桶中　　　　建立基于模板的堆栈　　　　和配置指定的堆栈资源

图 9-1　AWS CloudFormation 创建堆栈的工作流程

(1) 可以在文本编辑器中编写 AWS CloudFormation 模板(JSON 格式的文档)或选择现有模板。模板描述了所需的资源及其设置。例如，假设需要创建一个 Amazon EC2 实例。你的模板可声明 Amazon EC2 实例并描述其属性，如下所示：

```
{
  "AWSTemplateFormatVersion" : "2010-09-09",
  "Description" : "A simple Amazon EC2 instance",
  "Resources" : {
    "MyEC2Instance" : {
      "Type" : "AWS::EC2::Instance",
```

```
      "Properties" : {
       "ImageId" : "ami-2f726546",
       "InstanceType" : "t1.micro"
      }
    }
  }
}
```

(2) 如果创建了一个模板，可使用任何文件扩展名(如.json 或.txt)保存该 AWS CloudFormation 模板。可以在本地或 Amazon S3 存储桶中保存该文件。

(3) 可以创建 AWS CloudFormation 堆栈并指定模板文件的位置。该位置可以是本地计算机上的文件或 Amazon S3 URL。可以通过使用 AWS CloudFormation控制台、API 或AWS CLI 创建堆栈。

> 如果指定了一个本地模板文件，AWS CloudFormation 会将该文件上传到 AWS 账户的 Amazon S3 存储桶中。AWS CloudFormation 为向其中上传模板文件的每个区域创建一个唯一的存储桶。具有 AWS 账户中 Amazon S3 权限的任何人均可访问该存储桶。如果 AWS CloudFormation 创建的存储桶已存在，就将模板添加到该存储桶中。

可以通过手动方式将模板上传到 Amazon S3 来使用自己的存储桶并管理其权限。之后，当创建或更新堆栈时，请指定模板文件的 Amazon S3 URL。

AWS CloudFormation 通过调用模板中描述的那些 AWS 服务来配置资源。

在创建所有资源后，AWS CloudFormation 会发出有关堆栈已成功创建的信号。然后，可以开始使用堆栈中的所有资源。如果堆栈创建失败，那么 AWS CloudFormation 会通过删除已创建的所有资源来回滚任何更改。

2. 更新堆栈工作流程

在更新堆栈时，可修改原始堆栈模板。AWS CloudFormation 将比较修改后的模板与原始堆栈模板，并且仅更新修改后的资源。图 9-2 所示为更新堆栈工作流程。

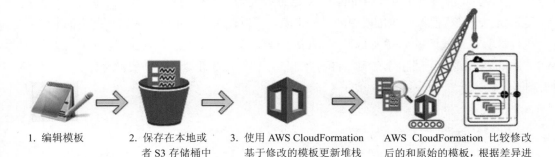

1. 编辑模板　　2. 保存在本地或　　3. 使用 AWS CloudFormation　　AWS CloudFormation 比较修改
　　　　　　　者 S3 存储桶中　　　基于修改的模板更新堆栈　　后的和原始的模板，根据差异进
　　　　　　　　　　　　　　　　　　　　　　　　　　　行相应的堆栈资源更新

图 9-2　更新堆栈工作流程

 注意　　　更新可能会导致中断。根据所更新的资源和属性，更新可能会中断，甚至替换现有资源。

(1) 可在文本编辑器中修改 AWS CloudFormation 堆栈模板。例如，假设需要更改 Amazon EC2 实例的实例类型。在原始堆栈模板中，更改该实例的实例类型属性。

(2) 可以在本地或 Amazon S3 存储桶中保存 AWS CloudFormation 模板。

(3) 可以选择要更新的 AWS CloudFormation 堆栈并指定修改后的模板文件的位置。该位置可以是本地计算机上的文件或 Amazon S3 URL。可通过使用 AWS CloudFormation 控制台、API 或 AWS CLI 更新堆栈。

注意　　　如果指定一个本地模板文件，AWS CloudFormation 会自动将模板上传到 AWS 账户的 Amazon S3 存储桶中。

AWS CloudFormation 将比较修改后的模板与原始堆栈模板，并且仅更新修改后的资源。

在更新所有资源后，AWS CloudFormation 会发出有关堆栈已成功更新的信号。如果堆栈更新失败，AWS CloudFormation 将回滚对上一个已知工作状态所做的任何更改。

9.3.3　删除堆栈工作流程

在删除堆栈时，可以指定要删除的堆栈，并且 AWS CloudFormation 将删除该堆栈及其包含的所有资源。可通过使用 AWS CloudFormation 控制台、API 或 AWS CLI 删除堆栈。

要删除一个堆栈但保留该堆栈中的一些资源，可以使用删除策略来保留那些资源。

在删除所有资源后，AWS CloudFormation 会发出有关堆栈已被成功删除的信号。如果 AWS CloudFormation 无法删除资源，将不会删除堆栈。尚未删除的任何资源将保留，直到能成功删除堆栈为止。

9.4　使用堆栈

堆栈是可以作为单个单元管理的一系列 AWS 资源。换句话说，可以通过创建、更新或删除堆栈来创建、更新或删除一系列资源。堆栈中的所有资源均由堆栈的 AWS CloudFormation 模板定义。例如，某个堆栈可能包含运行 Web 应用程序所需的所有资源，如 Web 服务器、数据库和联网规则。如果不再需要该 Web 应用程序，只需删除该堆栈及其所有相关资源即可。

AWS CloudFormation 将确保已酌情创建或删除所有堆栈资源。由于 AWS CloudFormation 将堆栈资源视为单个单元，因此必须为要创建或删除的堆栈成功创建或删除这些资源。如果资源无法创建，AWS CloudFormation 将回滚堆栈，并自动删除已创建的任何资源。如果资源无法删除，那么剩余的任何资源都将保留，直到能够成功删除堆栈为止。

可通过使用 AWS CloudFormation 控制台、API 或 AWS CLI 来使用堆栈。

注意　　将按照堆栈资源运行的时间(即使已立即删除堆栈)向你收取费用。

9.4.1　使用 AWS CloudFormation 控制台

利用 AWS CloudFormation 控制台，可以直接通过 Web 浏览器创建、监测、更新和删除堆栈。登录控制台后，将能够：

- 创建堆栈
- 创建 EC2 密钥对
- 估算堆栈的成本
- 查看堆栈数据和资源
- 删除堆栈
- 查看已删除堆栈

9.4.2　使用 AWS 命令行界面

使用 AWS 命令行界面(CLI)，可以在系统终端创建、监控、更新和删除堆栈，还可以使用 AWS CLI 通过脚本自动执行操作。

如果使用 Windows PowerShell，那么则 AWS 还提供适用于 Windows PowerShell 的 AWS 工具。

注意　早期的 AWS CloudFormation CLI 工具仍然可用，但不予推荐。

使用 AWS 命令行界面能够：

- 创建堆栈
- 描述并列出堆栈
- 查看堆栈事件历史记录
- 列出资源
- 检索模板
- 验证模板
- 删除堆栈

9.4.3　AWS CloudFormation 堆栈更新

可以更新已成功创建的堆栈，以更新堆栈中的资源(如 Amazon EC2 实例)，或更新堆栈的设置(如堆栈的 Amazon SNS 通知主题)。例如，如果堆栈包含一个 Amazon EC2 实例，那么可以通过更新堆栈来更新该实例。无须创建新堆栈。可以使用 AWS CloudFormation 控制台、aws cloudformation update-stack CLI 命令或 UpdateStack API 更新堆栈。

1. 对堆栈资源的更新

可以通过提交更新的模板或输入参数修改堆栈资源。提交更新时，AWS CloudFormation 会基于提交的内容与堆栈当前模板之间的差异更新资源。尚未更改的资源在更新过程中会不中断地运行。更新的资源可能会被中断或替换，具体视正在更新的资源和属性而定。AWS CloudFormation 采用以下方法之一来更新资源：

1) 无中断更新。AWS CloudFormation 更新资源时不会中断资源的运行，也不会更改资源的物理名称。例如，如果更新了 AWS::CloudWatch::Alarm 资源的任何属性，AWS CloudFormation 将更新警报的配置，但警报在更新期间将继续运行，不会出现中断。

2) 时而中断更新。AWS CloudFormation 更新资源时会时而中断，但保留物理名称。例如，如果对 AWS::EC2::Instance 资源更新特定属性，那么在 AWS CloudFormation 和 Amazon EC2 重新配置实例期间，该实例可能有时会中断。

3) 替换。AWS CloudFormation 会在更新期间重新创建该资源，同时生成新的物理 ID。首先，AWS CloudFormation 会创建替换资源，然后将对其他相关资源的引用更改为指向替换资源，接着再删除原有资源。例如，如果更新 AWS::RDS::DBInstance 资源的 Engine 属性，那么 AWS CloudFormation 会创建新资源并将当前 DBInstance 资源替换为新资源。

根据 AWS CloudFormation 修改堆栈中每个更新资源所采用的方法，可以明智地决定修改资源的最佳时间，以降低此类更改对应用程序产生的影响。具体来说，可以计划好更新过程中必须替换资源的时间。例如，如果更新了 AWS::RDS::DBInstance 资源的 Port 属性，那么 AWS CloudFormation 将使用更新的端口设置和新的物理名称创建一个新的数据库实例。为了对此进行计划，应执行以下操作：

- 拍摄当前数据库的快照。
- 准备一个策略，指定使用该数据库实例的应用程序在数据库实例替换期间将如何处理中断。
- 确保使用该数据库实例的应用程序考虑更新的端口设置及进行的任何其他更新。
- 使用数据库快照在新的数据库实例上还原数据库。

注意　如果模板包括一个或多个嵌套堆栈，那么 AWS CloudFormation 也会为每个嵌套堆栈启动更新。为确定嵌套堆栈是否发生过修改，这是必需的。AWS CloudFormation 只更新嵌套堆栈中发生相应模板中指定更改的那些资源。

9.4.4　与 Windows Stacks 共同运行

通过 AWS CloudFormation，可以创建基于 Amazon EC2 Windows Amazon Machine Images(AMI)的 Microsoft Windows 堆栈，还可以获取安装软件的功能，以便使用远程桌面访问堆栈，并更新和配置堆栈。

9.5　使用模板

最有效利用 AWS CloudFormation 的关键在于对模板的充分了解。模板是一个文本文件，其格式应符合 JSON 格式标准。

为了能够快速实现对模板的更改和编写操作，本节将讲述模板的分解详情、示例模板和模板代码段。本节还将探讨如何更改和验证模板。

- 在模板剖析中，我们提供对所有模板数据元进行编码的技术详情。
- 在模板代码段中，我们还提供一些模板部分，它们将展示如何针对模板的特定部分写入 JSON 代码。在本部分，还可以找到针对 Amazon EC2 实例、Amazon S3 域、AWS CloudFormation 映像和更多其他项的启动器代码段。可以选择上述代码段以涵盖一系列可能会常常算入模板中的资源和属性。可以按照它们用于声明的资源对其进行分组，包括通用模板代码段中常规用途的 AWS CloudFormation 代码段。
- 本部示例模板包含若干示例模板，在不作任何更改或较少更改的情况下，将上述示例模板用于创建堆栈。示例归类为复杂，并在完整应用程序上下文中突出 AWS CloudFormation 模板功能的运用。有些模板需要在命令的--parameters 选项中指定数值。

9.5.1　模板剖析

模板是一个 JSON 格式的文本文件，描述了你的 AWS 基础设施。模板包含几个主要部分。Resources 部分是唯一必需的部分。模板中的第一个字符必须为左花括号({}，最后一个字符必须为右花括号())。以下模板分段显示的是模板结构和各部分：

```
{
    "AWSTemplateFormatVersion" : "version date",

    "Description" : "JSON string",

    "Metadata" : {
        template metadata
    },

    "Parameters" : {
        set of parameters
```

```
    },

    "Mappings" : {
        set of mappings
    },

    "Conditions" : {
        set of conditions
    },

    "Resources" : {
        set of resources
    },

    "Outputs" : {
        set of outputs
    }
}
```

模板中的某些部分可以以任何顺序显示。但是，在构建模板时，使用上一个示例的逻辑顺序可能会很有用，因为一个部分中的值可能会引用上一个部分中的值。表 9-1 简要概述了每个部分。

表 9-1　模板参数

值	描述
AWSTemplateFormat Version (可选)	指定模板符合的 AWS CloudFormation 模板版本。模板格式版本与 API 或 WSDL 版本不同。模板格式版本可独立于 API 和 WSDL 版本进行独立更改
Description(可选)	一个描述模板的文本字符串。此部分必须始终紧随模板格式版本部分之后
Metadata(可选)	提供有关模板的其他信息的 JSON 对象
Parameters(可选)	指定可在运行时(创建或更新堆栈时)传入模板的值。可以引用模板的 Resources 和 Outputs 部分中的参数
Mappings(可选)	可用来指定条件参数值的密钥和关键值的映射，与查找表类似。可通过使用 Resources 和 Outputs 部分中的Fn::FindInMap内部函数将键与相应的值匹配
Conditions(可选)	定义用于控制是否创建某些资源或是否在堆栈创建或更新过程中为某些资源属性分配值的条件。例如，可以根据堆栈是用于生产环境还是用于测试环境来按照条件创建资源
Resources(必需)	指定堆栈资源及其属性，如 Amazon Elastic Compute Cloud 实例或 Amazon Simple Storage Service 存储桶。可以引用模板的 Resources 和 Outputs 部分中的资源
Outputs(可选)	描述在查看堆栈的属性时返回的值。例如，可以声明 Amazon S3 存储桶名称的输出，然后调用 aws cloudformation describe-stacks AWS CLI 命令查看该名称

有关 JSON 的更多信息，请参阅http://www.json.org。

1. 格式版本

AWSTemplateFormatVersion 部分(可选)标识模板的功能。最新的模板格式版本是 2010-09-09，并且它是目前唯一的有效值。

 模板格式版本与 API 或 WSDL 版本不同，模板格式版本可独立于 API 和 WSDL 版本进行独立更改。

模板格式版本声明的值必须是文字字符串。无法使用参数或函数指定模板格式版本。如果没有指定值，AWS CloudFormation 将接受最新的模板格式版本。以下代码段是有效模板格式版本声明的示例：

```
"AWSTemplateFormatVersion" : "2010-09-09"
```

2. 描述

Description 部分(可选)使你能够包含有关模板的任意评论。Description 部分必须紧随 AWSTemplateFormatVersion 部分之后。

描述声明的值必须是长度介于 0 和 1024 个字节之间的文字字符串。无法使用参数或函数来指定描述。以下代码段是描述声明的示例：

```
"Description" : "Here are some details about the template."
```

3. 元数据

可以使用可选的 Metadata 部分包括任意 JSON 对象，用于提供模板详细信息。例如，可以包括有关特定资源的模板实现的详细信息，如下所示：

```
"Metadata" : {
  "Instances" : {"Description" : "Information about the instances"},
  "Databases" : {"Description" : "Information about the databases"}
}
```

4. 参数

可以使用可选的 Parameters 部分在创建堆栈时将值传入模板。利用参数，可以创建每当创建堆栈时自定义的模板。例如，可为 Amazon EC2 实例类型创建参数，如下所示：

```
"Parameters" : {
 "InstanceTypeParameter" : {
  "Type" : "String",
  "Default" : "t1.micro",
  "AllowedValues" : ["t1.micro", "m1.small", "m1.large"],
  "Description" : "Enter t1.micro, m1.small, or m1.large. Default is t1.micro."
 }
}
```

在创建堆栈时，可以为 InstanceTypeParameter 指定值。这样一来，就可以在创建堆栈时选择所需的实例类型。默认情况下，模板使用 t1.micro。在相同的模板中，可以使用 Ref 内部函数在模板的其他部分指定参数值，如下所示：

```
"Ec2Instance" : {
 "Type" : "AWS::EC2::Instance",
 "Properties" : {
  "InstanceType" : { "Ref" : "InstanceTypeParameter" },
  "ImageId" : "ami-2f726546"
 }
}
```

5. 语法和属性

Parameters 部分由后跟冒号的密钥名称 Parameters 组成。所有参数声明都被括在括号里。如果声明多个参数，可用逗号将它们隔开。一个 AWS CloudFormation 模板中最多包含 60 个参数。

对于每个参数，必须声明一个用引号引起来的逻辑名称，后跟冒号。逻辑名称必须为字母数字，并且在模板的所有逻辑名称中具有唯一性。在声明参数的逻辑名称后，可以指定该参数的属性。必须将参数声明为下列类型之一：String、Number、CommaDelimitedList 或 AWS 特定的类型。对于 String、Number 和 AWS 特定的参数类型，可以定义 AWS CloudFormation 用于验证参数值的约束条件。

重要：对于敏感参数值(如密码)，请将 NoEcho 属性设置为 true。这样一来，当有人描述堆栈时，参数值将显示为星号(*****)。

表 9-2 描述了一个参数的所有属性以及是否需要某个属性。

表 9-2　一个参数的所有属性以及是否需要某个属性

属性	是否必需	说明
Type	是	List<Number>：一组用逗号分隔的整数或浮点数。AWS CloudFormation 将参数值验证为数字，但当在模板的其他位置使用该参数时(例如，通过使用 Ref 内部函数)，该参数值将变成字符串列表。例如，用户可指定"80,20"，并且 Ref 内部函数将生成 ["80","20"] CommaDelimitedList：一组用逗号分隔的文本字符串。字符串的总数应比逗号总数多 1。此外，会对每个成员字符串进行空间修剪。例如，用户可指定"test,dev,prod"，并且 Ref 内部函数将生成["test","dev","prod"] AWS 特定的参数类型：位于模板用户账户中的现有 AWS 值。可以指定以下 AWS 特定的类型： 1) AWS::EC2::AvailabilityZone::Name 可用区，如 us-west-2a 2) AWS::EC2::Image::Id Amazon EC2 映像 ID，如 ami-ff527ecf 请注意，AWS CloudFormation 控制台不会显示此参数类型的值的下拉列表 3) AWS::EC2::Instance::Id Amazon EC2 实例 ID，如 i-1e731a32 4) AWS::EC2::KeyPair::KeyName Amazon EC2 密钥对名称 5) AWS::EC2::SecurityGroup::GroupName EC2-Classic 或默认 VPC 安全组名称，如 my-sg-abc 6) AWS::EC2::SecurityGroup::Id 安全组 ID，如 sg-a123fd85 7) AWS::EC2::Subnet::Id 子网 ID，如 subnet-123a351e 8) AWS::EC2::Volume::Id Amazon EBS 卷 ID，如 vol-3cdd3f56 9) AWS::EC2::VPC::Id VPC ID，如 vpc-a123baa3

(续表)

属性	是否 必需	说明
Type	是	10) AWS::Route53::HostedZone::Id Amazon Route 53 托管区域 ID，如 Z23YXV 4OVPL04A 11) List<AWS::EC2::AvailabilityZone::Name> 针对某个区域的一组可用区，如 us-west-2a、us-west-2b 12) List<AWS::EC2::Image::Id> 一组 Amazon EC2 映像 ID，如 ami-ff527ecf、ami-e7527ed7 请注意，AWS CloudFormation 控制台不会显示此参数类型的值的下拉列表 13) List<AWS::EC2::Instance::Id> 一组 Amazon EC2 实例 ID，如 i-1e731a32、i-1e731a34 14) List<AWS::EC2::SecurityGroup::GroupName> 一组 EC2-Classic 或默认 VPC 安全组名称，如 my-sg-abc、my-sg-def 15) List<AWS::EC2::SecurityGroup::Id> 一组安全组 ID，如 sg-a123fd85、sg-b456fd85 16) List<AWS::EC2::Subnet::Id> 一组子网 ID，如 subnet-123a351e、subnet-456b351e 17) List<AWS::EC2::Volume::Id> 一组 Amazon EBS 卷 ID，如 vol-3cdd3f56、vol-4cdd3f56 18) List<AWS::EC2::VPC::Id> 一组 VPC ID，如 vpc-a123baa3、vpc-b456baa3 19) List<AWS::Route53::HostedZone::Id> 一组 Amazon Route 53 托管区域 ID，如 Z23YXV4OVPL04A、Z23YXV4OVPL04B
默认值	否	模板适当类型的值，用于在创建堆栈时未指定值的情形。如果定义参数的约束条件，就必须指定一个符合这些约束条件的值
NoEcho	否	当有人发出描述堆栈的调用时是否掩蔽参数值。如果将值设置为 true，则使用星号(*****)掩蔽参数值
AllowedValues	否	包含参数允许值列表的阵列
AllowedPattern	否	一个正则表达式，表示允许 String 类型使用的模式

(续表)

属性	是否必需	说明
MaxLength	否	一个整数值，确定允许 String 类型使用的字符的最大数目
MinLength	否	一个整数值，确定允许 String 类型使用的字符的最小数目
MaxValue	否	一个数字值，确定允许 Number 类型使用的最大数字值
MinValue	否	一个数字值，确定允许 Number 类型使用的最小数字值
说明	否	用于描述参数的长度最多为 4000 个字符的字符串
Constraint Description	否	用于在违反约束条件时说明约束条件的字符串。例如，在没有约束条件描述的情况下，具有允许的[A-Za-z0-9]+模式的参数会在用户指定无效值时显示以下错误消息： 　　Malformed input-Parameter MyParameter must match pattern [A-Za-z0-9]+ 通过添加约束条件描述(如 must only contain upper and lower case letters, and numbers)，可以显示自定义的错误消息： 　　Malformed input-Parameter MyParameter must only contain upper and lower case letters and numbers

6. 映像

可选的 Mappings 部分将密钥与对应的一组命名值相匹配。例如，如果想根据区域设置值，可以创建将区域名称用作密钥且其中含有想为每个特定区域指定的值的映射。可以使用 Fn::FindInMap 内部函数来检索映射中的值。

不可以基于参数或内部函数进行映射。

1) 语法

Mappings 部分由后跟冒号的密钥名称 Mappings 组成。所有映射声明都被括在括号里。如果声明多个映射，可用逗号将它们隔开。映射中的密钥和值必须为文字字符串。对于每个映射，必须声明一个用引号引起来的逻辑名称，后跟冒号以及用将要映射的值集括起来的花括号。以下示例显示的是包含名为 Mapping01 的单个映射的 Mappings 部分：

```
"Mappings" : {
  "Mapping01" : {
    "Key01" : {
      "Value" : "Value01"
    },
```

```
    "Key02" : {
      "Value" : "Value02"
    },
    "Key03" : {
      "Value" : "Value03"
    }
  }
}
```

在映射内，每个映射都是后面加有一个逗号的密钥和一组用括号括起来的名称-值对。密钥用于标识映射，它在映射中必须是唯一的。可以在括号内声明多个名称-值对。

2）示例

以下示例显示的是带映射 RegionMap 的 Mappings 部分，该映射包含五个映射到含单字符串值的名称-值对的密钥。密钥为区域名称。对于密钥所表示区域内的 32 位 AMI，每个名称-值对均为 AMI ID。

```
"Mappings" : {
  "RegionMap" : {
    "us-east-1"      : { "32" : "ami-6411e20d"},
    "us-west-1"      : { "32" : "ami-c9c7978c"},
    "eu-west-1"      : { "32" : "ami-37c2f643"},
    "ap-southeast-1" : { "32" : "ami-66f28c34"},
    "ap-northeast-1" : { "32" : "ami-9c03a89d"}
  }
}
```

7. 条件

可选的 Conditions 部分包括在创建资源或定义属性时定义的语句。例如，可比较一个值是否等于另一个值。根据条件结果，可以按条件创建资源。如果有多个条件，请用逗号将它们隔开。

当需要重新使用可在不同环境(如测试环境与生产环境)中创建资源的模板时，可能会使用条件。在模板中，可以添加 EnvironmentType 输入参数，它接受 prod 或 test 作为输入。对于生产环境，可以包括带特定功能的 Amazon EC2 实例；但对于测试环境，需要使用更少的功能来节约资金。使用条件，可以定义对每个环境类型创建哪些资源以及如何配置它们。

条件根据在创建或更新堆栈时声明的输入参数进行计算。在每个条件中都可以引用其他条件、参数值或映射。定义所有条件后，可以在模板的资源和输出部分将它们与资源和资源属性关联起来。

在创建或更新堆栈时，AWS CloudFormation 先计算模板中的所有条件，然后创建资源。创建与 true 条件关联的所有资源，而忽略与 false 条件关联的所有资源。

重要：在堆栈更新期间，无法更新条件本身。只能在包含添加、修改或删除资源的更改时更新条件。

1) 语法

Conditions 部分由后跟冒号的密钥名称 Conditions 组成。所有条件声明都被括在花括号里。如果声明多个条件，可用逗号将它们隔开。

每个条件声明均包括一个逻辑 ID 和多个在创建或更新堆栈时计算的内部函数。以下伪模板概述了 Conditions 部分：

```
"Conditions" : {
  "Logical ID" : {Intrinsic function}
}
```

可以使用以下内部函数定义条件：

- Fn::And
- Fn::Equals
- Fn::If
- Fn::Not
- Fn::Or

2) 示例

下面的示例模板包含一个 EnvType 输入参数，在这里可以指定 prod 来创建生产堆栈，或指定 test 来创建测试堆栈。对于生产环境，AWS CloudFormation 会创建一个 Amazon EC2 实例并向该实例附加一个卷；对于测试环境，AWS CloudFormation 将只创建一个 Amazon EC2 实例。

```
{
  "AWSTemplateFormatVersion" : "2010-09-09",

  "Mappings" : {
    "RegionMap" : {
      "us-east-1"    : { "AMI" : "ami-7f418316", "TestAz" : "us-east-1a" },
      "us-west-1"    : { "AMI" : "ami-951945d0", "TestAz" : "us-west-1a" },
      "us-west-2"    : { "AMI" : "ami-16fd7026", "TestAz" : "us-west-2a" },
      "eu-west-1"    : { "AMI" : "ami-24506250", "TestAz" : "eu-west-1a" },
```

```json
        "sa-east-1"       : { "AMI" : "ami-3e3be423", "TestAz" : "sa-east-1a" },
        "ap-southeast-1" : { "AMI" : "ami-74dda626", "TestAz" : "ap-southeast-1a" },
        "ap-southeast-2" : { "AMI" : "ami-b3990e89", "TestAz" : "ap-southeast-2a" },
        "ap-northeast-1" : { "AMI" : "ami-dcfa4edd", "TestAz" : "ap-northeast-1a" }
    }
},

"Parameters" : {
  "EnvType" : {
    "Description" : "Environment type.",
    "Default" : "test",
    "Type" : "String",
    "AllowedValues" : ["prod", "test"],
    "ConstraintDescription" : "must specify prod or test."
  }
},

"Conditions" : {
  "CreateProdResources" : {"Fn::Equals" : [{"Ref" : "EnvType"}, "prod"]}
},

"Resources" : {
  "EC2Instance" : {
    "Type" : "AWS::EC2::Instance",
    "Properties" : {
      "ImageId" : { "Fn::FindInMap" : [ "RegionMap", { "Ref" : "AWS::Region" }, "AMI" ]}
    }
  },

  "MountPoint" : {
    "Type" : "AWS::EC2::VolumeAttachment",
    "Condition" : "CreateProdResources",
    "Properties" : {
      "InstanceId" : { "Ref" : "EC2Instance" },
      "VolumeId"  : { "Ref" : "NewVolume" },
      "Device" : "/dev/sdh"
    }
  },

  "NewVolume" : {
    "Type" : "AWS::EC2::Volume",
    "Condition" : "CreateProdResources",
    "Properties" : {
```

```
      "Size" : "100",
      "AvailabilityZone" : { "Fn::GetAtt" : [ "EC2Instance", "AvailabilityZone" ]}
    }
  }
},

"Outputs" : {
  "VolumeId" : {
    "Value" : { "Ref" : "NewVolume" },
    "Condition" : "CreateProdResources"
  }
}
}
```

如果 CreateProdResources 参数与 true 相等，EnvType 条件将计算为 prod。在示例模板中，NewVolume 和 MountPoint 资源与 CreateProdResources 条件关联。因此，仅当 EnvType 参数等于 prod 时才会创建资源。

8. 资源

必需的资源(Resources)部分将所需的 AWS 资源声明为堆栈的一部分，如 Amazon EC2 实例或 Amazon S3 存储桶。必须单独声明每个资源；但是，可以指定具有相同类型的多个资源。如果声明多种资源，可用逗号将它们隔开。

1) 语法

资源部分由后跟冒号的密钥名称 Resources 组成。所有资源声明都被括在花括号里。如果声明多个资源，可用逗号将它们隔开。以下伪模板概述了资源部分：

```
"Resources" : {
  "Logical ID" : {
    "Type" : "Resource type",
    "Properties" : {
      Set of properties
    }
  }
}
```

2) 逻辑 ID

逻辑 ID 必须为字母数字(A-Z、a-z 或 0-9)，并且在模板中具有唯一性。可使用逻辑名称在模板的其他部分引用资源。例如，如果要将 Amazon Elastic Block Store 映射到 Amazon EC2

实例，可以引用逻辑 ID 来将数据块存储与实例相关联。

除了逻辑 ID 外，某些资源还有物理 ID，这是资源的实际名称，如 Amazon EC2 实例 ID 或 Amazon S3 存储桶名称。可以使用物理 ID 来标识 AWS CloudFormation 模板外部的资源，但仅限于在创建资源之后。举例来说，你可能为一个 Amazon EC2 实例资源指定逻辑 ID MyEC2Instance；但在 AWS CloudFormation 创建该实例时，AWS CloudFormation 自动生成物理 ID(如 i-28f9ba55)并分配给该实例。可以使用该物理 ID 来标识实例，可以使用 Amazon EC2 控制台查看其属性(如 DNS 名称)。对于支持自定义名称的资源，可以分配自己的名称(物理 ID) 以帮助快速标识资源。举例来说，可以将存储日志的 Amazon S3 存储桶命名为 MyPerformanceLogs。

- **资源类型**：资源类型标识正在声明的资源的类型。例如，AWS::EC2::Instance 声明 Amazon EC2 实例。
- **资源属性**：资源属性是可以为资源指定的附加选项。例如，对于每个 Amazon EC2 实例，必须为该实例指定一个 AMI ID。可以将 AMI ID 声明为实例的一个属性，如下所示：

```
"Resources" : {
 "MyEC2Instance" : {
  "Type" : "AWS::EC2::Instance",
  "Properties" : {
   "ImageId" : "ami-2f726546"
  }
 }
}
```

如果资源不需要声明任何属性，那么可以忽略资源的属性部分。

属性值可以是文本字符串、字符串列表、布尔值、参数引用、伪引用或函数返回值。如果属性值为文件字符串，该值会被双引号括起来。如果属性值为任一类型的列表结果，则它会被中括号([ ])括起来。如果属性值为内部函数或引用的结果，则它会被花括号({ })括起来。当将文字、列表、参考和函数合并起来获取值时，上述规则适用。以下示例说明了如何声明不同的属性值类型：

```
"Resources" : {
 "MyEC2Instance" : {
  "Type" : "AWS::EC2::Instance",
  "Properties" : {
   "ImageId" : "ami-2f726546"
  }
 }
}
```

3）示例

以下示例显示的是典型的资源声明。其中定义了两种资源。MyInstance 资源将 MyQueue 资源包含作为 UserData 属性一部分的资源：

```
"Resources" : {
  "MyInstance" : {
    "Type" : "AWS::EC2::Instance",
    "Properties" : {
      "UserData" : {
        "Fn::Base64" : {
          "Fn::Join" : [ "", [ "Queue=", { "Ref" : "MyQueue" } ] ]
        } },
      "AvailabilityZone" : "us-east-1a",
      "ImageId" : "ami-20b65349"
    }
  },

  "MyQueue" : {
    "Type" : "AWS::SQS::Queue",
    "Properties" : {
    }
  }
}
```

9. 输出

可选的 Outputs 部分声明了为响应描述堆栈调用而需要返回的值。例如，可输出堆栈的 Amazon S3 存储桶名称以便能轻松找到它。

 注意　　在堆栈更新期间，无法更新输出本身。只能在包含添加、修改或删除资源的更改时更新输出。

1）语法

Outputs 部分由后跟冒号的密钥名称 Outputs 组成。所有输出声明都被括在花括号里。如果声明多个输出，可用逗号将它们隔开。最多可在 AWS CloudFormation 模板中声明 60 个输出。以下伪模板概述了 Outputs 部分：

```
"Outputs" : {
  "Logical ID" : {
    "Description" : "Information about the value",
```

```
        "Value" : "Value to return"
    }
}
```

- **逻辑 ID：** 此输出的标识符。逻辑 ID 必须为字母数字(A-Z、a-z 或 0-9)，并且在模板中具有唯一性。
- **Description(可选)：** 用于说明输出值的 String 类型，最大长度为 4K。
- **Value(必需)：** aws cloudformation describe-stacks 命令返回的属性值。

可以通过添加 Condition 属性按条件创建输出，然后引用在模板的 Conditions 部分定义的条件。

示例

输出属性的声明方法类似于任何其他属性。在以下示例中，如果满足 CreateProdResources 条件，那么名为 BackupLoadBalancerDNSName 的输出将返回逻辑名称为 BackupLoadBalancer 的资源的 DNS 名称。第二个输出说明了如何指定多个输出。

```
"Outputs" : {
  "BackupLoadBalancerDNSName" : {
    "Description": "The DNSName of the backup load balancer",
    "Value" : { "Fn::GetAtt" : [ "BackupLoadBalancer", "DNSName" ]},
    "Condition" : "CreateProdResources"
  },
  "InstanceID" : {
    "Description": "The Instance ID",
    "Value" : { "Ref" : "EC2Instance" }
  }
}
```

9.5.2 示例模板

本节用示例 AWS CloudFormation 模板展示 AWS CloudFormation 功能，并将其作为创建自定义堆栈的起点。我们将提供以下堆栈应用程序。接下来，我们将描述模板、模板各部分及其可能具有的任何特殊功能的详细情况，也将包括模板最新源代码的链接。

1. 带有负载均衡器、自动伸缩策略和 CloudWatch 警报的自动伸缩组

本模板将创建运用自动伸缩和负载均衡器的示例网站，并配置用于使用多个可用区域。模板还将包含 CloudWatch 警报，在超过定义阈值的情况下，将执行自动伸缩策略来添加或从自动伸缩组中删除实例。

可输出堆栈的 Amazon S3 存储桶名称以便能轻松找到它。

 本模板将创建一个或多个 Amazon EC2 实例。如果通过本模板创建堆栈，那么会针对 AWS 资源向你收取相应费用。

1）Auto Scaling Multi-AZ 模板

开发者可以通过以下网址获取最新版本的示例模板：https://s3.amazonaws.com/cloudformation-templates-us-east-1/AutoScalingMultiAZWithNotifications.template。

2）模板演练

该示例模板包括自动伸缩组，其带有负载均衡器、定义入口规则的安全组、CloudWatch 警报和自动伸缩策略。

该模板具备三项输入参数：InstanceType 是 EC2 实例的类型，用于自动伸缩组，且默认值为 m1.small；WebServerPort 是 Web 服务器的 TCP 端口，默认值为 8888；KeyName 是 EC2 密钥对的名称，供自动伸缩使用。必须在堆栈创建时指定 KeyName(堆栈创建时，必须指定不带默认值的参数)。

AWS::AutoScaling::AutoScalingGroup资源 WebServerGroup 将声明以下自动伸缩组配置：

- AvailabilityZones 将指定可以创建自动伸缩组 EC2 实例的可用区域。Fn::GetAZs函数调用{ "Fn::GetAZs" : "" }会指定创建堆栈所在位置的可用区域。
- MinSize 和 MaxSize 将设定自动伸缩组中 EC2 实例的最小数字和最大数字。
- LoadBalancerNames 将列出用于将流量路由至自动伸缩组的负载均衡器。该组的负载均衡器是弹性负载均衡器资源。

AWS::AutoScaling::LaunchConfiguration资源 LaunchConfig 将声明以下配置，WebServerGroup Auto Scaling 组中的 EC2 实例将运用此配置：

- KeyName 将 KeyName 输入参数值当作待使用的 EC2 密钥对。
- UserData 为 WebServerPort 参数的 Base64 解码值，其将传输至应用程序。
- SecurityGroups 为 EC2 安全组的列表，其包含自动伸缩组中 EC2 实例的防火墙入

口规则。在本例中，仅有一个安全组，声明为 AWS::EC2::SecurityGroup 资源 InstanceSecurityGroup。该安全组包含两条入口规则：一条 TCP 入口规则是允许通过所有 IP 地址("CidrIp" : "0.0.0.0/0")访问端口 22(用于 SSH 访问)；另一条 TCP 入口规则是允许通过指定复杂均衡器的源安全组来访问 WebServerPort 端口。GetAtt 函数用于通过弹性负载均衡器资源获取 SourceSecurityGroup.OwnerAlias 和 SourceSecurityGroup. GroupName 属性。

- ImageId 是一组嵌套映射的评估值。由于将添加映射，因此模板包括用于选择正确映像 ID 的逻辑。该逻辑基于通过 InstanceType 参数指定的实例类型(AWSInstanceType2Arch 将实例类型映射到 32 或 64 位系统)，同时还基于创建堆栈的区域(AWSRegionArch2AMI 将区域和架构映射到映像 ID)：

```
{ "Fn::FindInMap" : [ "AWSRegionArch2AMI",
  { "Ref" : "AWS::Region" },
  { "Fn::FindInMap" : [ "AWSInstanceType2Arch",
    { "Ref" : "InstanceType" },
    "Arch" ]
  }
]}
```

例如，如果使用该模板在 us-east-1 区域中创建堆栈，并将 m1.small 指定为 InstanceType，AWS CloudFormation 将按如下所述评估 AWSInstanceType2Arch 的内部映射：

```
{ "Fn::FindInMap" : [ "AWSInstanceType2Arch", "m1.small", "Arch" ] }
```

在 AWSInstanceType2Arch 映射中，m1.small 密钥的 Arch 值将映射为 32，其将用作外部映射值。密钥是 AWS::Region 评估结果，其为将创建堆栈的区域。例如，AWS::Region 为 us-east-1。因此，外部映射将评估如下：

```
Fn::FindInMap" : [ "AWSRegionArch2AMI", "us-east-1", "32"]
```

在 AWSRegionArch2AMI 映射中，密钥 us-east-1 的 32 值将映射至 ami-6411e20d，这表示 ImageId 将是 ami-6411e20d。

AWS::ElasticLoadBalancing::LoadBalancer资源弹性负载均衡器将声明以下负载均衡配置：

- AvailabilityZones是负载均衡可分配流量的可用区域列表。在该例中，Fn::GetAZs 函数调用{ "Fn::GetAZs" : "" }指定将创建堆栈区域的所有可用区域。
- Listeners 为负载均衡路由配置列表，其将指定负载均衡接受请求的端口。该端口位于已注册的 EC2 实例上，并且负载均衡器将通过该端口转发请求，以及用于路由请求的协议。

- HealthCheck 属于弹性负载均衡器所用配置。当负载均衡器向 EC2 实例路由流量时，弹性负载均衡器将通过所述配置检查此时 EC2 实例的运行状况。在该例中，HealthCheck 旨在通过 WebServerPort 在 HTTP 协议上指定的端口来获得EC2 实例的原地址。如果 WebServerPort 为 8888，那么{ "Fn::Join" : ["", ["HTTP:", { "Ref" : "WebServerPort" }, "/"]]} 函数调用将评估为字符串 HTTP:8888/。它还指定 EC2 实例在两项运行状况检查之间拥有 30 秒的时间间隔。Timeout(超时)将定义为弹性负载均衡器等待来自运行状况检查响应的时间(本例中为 5 秒)。超时周期失效后，弹性负载均衡器将标记 EC2 实例运行状况检查不合格。当 EC2 实例未通过连续 5 次运行状况检查时(UnhealthyThreshold)，弹性负载均衡器会停止路由流量至该 EC2 实例，直至该实例连续 3 次运行状况检查情况良好为止，此时弹性负载均衡器将认定 EC2 实例运行良好，并再次向该实例路由流量。

AWS::AutoScaling::ScalingPolicy资源 WebServerScaleUpPolicy 为按比例放大自动伸缩组 WebServerGroup 的自动伸缩策略。AdjustmentType 属性将设定为 ChangeInCapacity。这意味着 ScalingAdjustment 代表待添加的实例数目(如果 ScalingAdjustment 为正值，则添加实例；若为负值，则删除实例)。在该实例中，ScalingAdjustment 为 1；因此，执行策略时，策略将从 1 开始逐渐增大 EC2 实例的数量。Cooldown(冷却时间)属性指定任何策略或触发相关操作前，自动伸缩将等待 60 秒。

AWS::CloudWatch::Alarm资源 CPUAlarmHigh 将指定扩展策略 WebServerScaleUpPolicy 作为警报处于 ALARM 状态(AlarmActions)下待执行的操作。警报将监测自动伸缩组 WebServerGroup 中的 EC2 实例(维度)。警报每隔 300 秒(周期)测量在 WebServerGroup(维度)中实例的平均(统计数据)EC2 实例 CPU 使用率(命名空间和标准名称)。当该值(平均 CPU 使用率超过 300 秒)连续 2 个周期(EvaluationPeriod)保持高于 90%(ComparisonOperator 和阈值)的状态时，警报将进入 ALARM 状态，并且 CloudWatch 将执行上述 WebServerScaleUpPolicy 策略(AlarmActions)，按比例放大 WebServerGroup。

CPUAlarmLow 警报测量相同的指标，但有一项警报会在 CPU 使用率低于 75%时触发 (ComparisonOperator 和阈值)，并执行 WebServerScaleDownPolicy 策略，将 1 个 EC2 实例从自动伸缩组 WebServerGroup 中删除。

9.5.3　创建模板

1. 指定内部函数

AWS CloudFormation 内部函数是可以在模板中使用的特殊操作,可以为不能在运行时之前提供的属性分配值。每个函数均使用带双引号的名称、单个冒号及参数进行声明。如果参数为文字字符串,就将其用双引号(" ")括起来。如果参数被放在任意类型的列表中,就将其用方括号([ ])括起来。如果参数为内部函数返回的值,就将其用花括号({ })括起来。

以下示例显示的是向 MyLBDNSName 分配值所用的函数"Fn::GetAtt",该函数从名为 MyLoadBalancer 的弹性负载均衡器中检索属性 DNSName 的值,以此来执行操作:

```
"Properties" : {
  "MyMyLBDNSName" : {
    "Fn::GetAtt" : [ "MyLoadBalancer", "DNSName" ]
  }
}
```

内部函数 Fn::GetAtt 返回模板中资源的属性值。

2. 添加输入参数

通过将输入参数添加至"参数"部分,就可以配置模板,请求输入参数了。输入的所有参数必须含有运行时的数值。可以为每个参数指定默认值以使该参数成为可选参数。如果未指定默认值,那么创建堆栈时,必须提供针对该参数的数值。

可将参数声明为 String、Number、CommaDelimitedList 或 AWS 特定的类型。String、Number 和 AWS 特定的类型可能拥有 AWS CloudFormation 用于验证参数值的约束条件。

以下示例配置一个单独参数 Email:

```
"Parameters" : {
  "Email" : {
    "Type" : "String"
  }
}
```

上述参数无默认值,因此,必须为其提供一个数值,以创建堆栈。创建带有针对 Email 值的 CloudWatch Alarms 堆栈后,aws cloudformation describe-stacks 命令将返回如下内容:

```
STACK  myAlarms
arn:aws:aws
cloudformation:us-east-1:165024647323:stack/f5b4cbb0-24d7-11e0-93a-508be05d086
  /myAlarms
Email=Joe@Joe.com  2011-01-20T20:57:57Z  CREATE_COMPLETE
User Initiated  false  Instance=i-0723826b
```

可以配置不与 NoEcho 参数一同显示的参数：

```
"Parameters" : {
    "Email" : {
        "Type" : "String",
        "NoEcho" : "TRUE"
    }
}
```

此处输出来自通过相同模板创建的堆栈，但其 NoEcho 参数设定为 true：

```
STACK  myAlarms2
arn:aws:aws
cloudformation:us-east-1:165024647323:stack/ff6ff540-24db-11e0-94f8-5081b017c4b
  /myAlarms2
Email=******  2011-01-20T21:26:52Z  CREATE_COMPLETE  User Initiated
false  Instance=i-f734959b
```

使用星号标出 Email 值。

应将--parameters 选项算入 aws cloudformation create- stack 命令中，才能向参数提供数值。

例如，以下命令为 UserName 和 Password 参数添加了数值：

```
PROMPT> aws cloudformation create-stack --stack-name MyStack --template-body
file:///home/local/test/sampletemplate.json
    --parameters ParameterKey=UserName,ParameterValue=Joe
ParameterKey=Password,ParameterValue=JoesPw
```

用空格将参数隔开。

 注意　　参数名称应区分大小写。如果运行 aws cloudformation create-stack 时，错误地键入参数名称，那么 AWS CloudFormation 将不会创建堆栈，并报告该模板不含此参数。

3. 验证 AWS 特定的值

对于某些 AWS 值(如 Amazon EC2 密钥对名称和 VPC ID)，可以使用 AWS 特定的参数类型根据用户的 AWS 账户中的现有值验证输入参数的值。例如，可以使用 AWS::EC2::KeyPair::KeyName 参数类型确保用户在 AWS CloudFormation 创建或更新任何资源前指定了有效的密钥对名称。AWS 特定参数类型有助于及早捕获无效值。

4. 在模板中使用"参数"和"映射"来指定值

可以通过 Fn::FindInMap 函数，使用输入参数来引用映射中的特定值。例如，假定有一个映射到特定 AMI 的区域的列表。可以通过在创建堆栈时指定区域参数来选择堆栈所用的 AMI。

(1) 将一个参数添加到想算入的所有映射的参数部分。参数就是传输所需映射密钥的方式。

(2) 创建包含密钥选项和密钥值的映像。

(3) 使用 Fn::FindInMap 函数作为资源属性的数值或想要按条件分配的输出。

注意　　在将输入参数用于 Fn::FindInMap 函数中的键和值时，请为这些参数设置默认值。否则，如果未定义 Fn::FindInMap 函数中的参数，堆栈创建将失败。

仔细考虑下述示例。假设要通过 aws cloudformation describe- stacks 命令来打印想要基于特定区域运行的 AMI 的名称，那么需要执行下述步骤以完成此操作:

```
{
  "AWSTemplateFormatVersion" : "2010-09-09",

  "Description" : "TemplateName - ShortMapExample.template",

  "Parameters" : {
    "Region" : {
      "Default" : "us-east-1",
      "Description" : " 'us-east-1' | 'us-west-1' | 'eu-west-1' | 'ap-southeast-1' "
    }
  },

  "Mappings" : {
    "RegionMap" : {
      "us-east-1" : {
```

```
                "AMI" : "ami-76f0061f"
            },
            "us-west-1" : {
                "AMI" : "ami-655a0a20"
            },
            "eu-west-1" : {
                "AMI" : "ami-7fd4e10b"
            },
            "ap-southeast-1" : {
                "AMI" : "ami-72621c20"
            }
        }
    },

    "Resources" : {

    ...other resources...

    },

    "Outputs" : {
      "OutVal" : {
        "Description" : "Return the name of the AMI matching the RegionMap key",
        "Value" : { "Fn::FindInMap" : [ "RegionMap", { "Ref" : "Region" }, "AMI" ]}
      }
    }

}
```

参数 Region 应接受字符串值，理想的是模板中的区域标识符之一。映像部分表示 RegionMap 映射。每个映射密钥都向 AMI 属性分配一个数值。输出部分表示 OutVal 输出，其获取从 Fn:FindInMap 返回的数值。

表 9-3 展示了基于所列命令分配至 OutVal 的数值：

表 9-3　示例命令与分配输出对应表

命令行	分配至 OutVal 的数值
aws cloudformation create-stack --stack-name MyTestStack --template-body file:///home/local/test/ShortRegionExample.json 　--parameters ParameterKey=Region,ParameterValue=us-west-1 … aws cloudformation describe-stacks --stack-name MyTestStack	ami-655a0a20

(续表)

命令行	分配至 OutVal 的数值
aws cloudformation create-stack --stack-name MyTestStack --template-body file:///home/local/test/ShortRegionExample.json --parameters ParameterKey=Region,ParameterValue=eu-west-1 ... aws cloudformation describe-stacks --stack-name MyTestStack	ami-7fd4e10b
aws cloudformation create-stack--stack-name MyTestStack--template-body file:///home/local/test/ShortRegionExample.json ... aws cloudformation describe-stacks MyTestStack	ami-76f0061f

在前两个例子中，已指定作为--parameters 选项部分的数值，确定了 OutVal 值。在第 3 个示例中，由于未指定映射密钥，因此将使用默认地区 us-east-1。

5. 按照条件创建资源

在创建或更新堆栈时，可以通过对输入参数和映射设置条件来创建资源。可以设置结果各不相同的多个条件。例如，可以指定 Amazon EC2 安全组作为输入参数，在堆栈中使用该安全组。不过，如果未提供安全组，将创建在模板中指定的安全组。

可以通过完成以下步骤按照条件创建资源：

(1) 在模板的"参数"部分，定义可以在条件中使用的输入参数。

(2) 在模板的"条件"部分，通过针对条件使用内部函数来定义要使用的条件。

(3) 在模板的"资源"和"输出"部分，将条件与相关的资源或属性关联。

6. 标记成员资源

AWS CloudFormation 会自动运用堆栈名称标记资源，这样，当在 AWS 管理控制台中查看这些资源时，就可以通过筛选条件进行筛选了。

此外，堆栈名称还标记了 AWS CloudFormation 为你添加的内容，你可以将自定义标签添加至支持添加标签的资源中。

添加至成员资源的标签不会通过 aws cloudformation describe-stack-resources 显示输出中。但是，它们将在已添加标签资源选项的 AWS 管理控制台中显示。

假设想要自定义模板，算入针对部署阶段的标签 Stage 和针对数值的 QA。可以按照下述内容写入针对 MyInstance 资源的定义：

```
"MyInstance" : {
    "Type" : "AWS::EC2::Instance",
    "Properties" : {
        "SecurityGroups" : [ { "Ref" : "MySecurityGroup" } ],
        "AvailabilityZone" : "us-east-1a",
        "ImageId" : "ami-20b65349",
        "Volumes" : [
            { "VolumeId" : { "Ref" : "MyEBS" },
                    "Device" : "/dev/sdk" }
        ],
        "Tags" : [
            {
                "Key" : "Stage",
                "Value" : "QA"
            }
        ]
    }
}
```

创建堆栈后，就可以在 AWS 管理控制台进行 Stage 标签的筛选操作了。

6. 指定输出值

可以使用模板输出部分指定自定义值，而自定义值可通过 aws cloudformation describe-stacks 命令算入返回值中。可以根据模板属性规则指定所有自定义值(资源)，这样就可以根据字面数值、参数引用、映射值和内部函数确定其数值。

对于简单示例，一个示例模板声明两项输出，即 IPAddress 和 InstanceId：

```
"Outputs" : {
    "IPAddress" : {
        "Value" : { "Ref" : "MyIp" }
    },

    "InstanceId" : {
        "Value" : { "Ref" : "MyInstance" }
    }
}
```

两项数值均基于模板内已声明的逻辑名称。IPAddress 参考逻辑名称为 MyIp 的 AWS::EC2::EIP，InstanceId 参考逻辑名称为 MyInstance 的 AWS::EC2::Instance。

堆栈创建后，aws cloudformation describe-stacks 将报告其作为 CREATE_COMPLETE 的状态，同时报告如下内容：

```
PROMPT> aws cloudformation describe-stacks --stack-name StackName
...
    "Outputs": [
        {
            "OutputKey": "IPAddress",
            "OutputValue": "184.72.229.56"
        },
        {
            "OutputKey": "InstanceId",
            "OutputValue": "i-47ab0a2b"
        }
    ],
...
```

报告结尾陈述了自定义输出值 IPAddress 和 InstanceId。

7. 创建等待条件

重要：对于 Amazon EC2 和自动伸缩资源，我们建议使用 CreationPolicy 属性而非等待条件。当实例成功创建后，将 CreationPolicy 属性添加到这些资源，并使用 cfn-signal 帮助程序脚本发送信号。

利用 AWS::CloudFormation::WaitCondition 资源和 CreationPolicy 属性，可以执行以下操作：

● 将堆栈资源创建与堆栈资源创建之外的其他配置操作进行协调。
● 跟踪配置过程的状态。

例如，可以在应用程序的配置部分完成后开始另一个资源的创建，或者在安装和配置过程中发送信号以跟踪其进度。

1) 使用等候条件句柄

如果使用 VPC 终端节点功能，那么 VPC 中响应等待条件的资源必须能够访问 AWS CloudFormation 特定 Amazon S3 存储桶。资源必须将等待条件响应发送到预签名 Amazon S3 URL。如果不能向 Amazon S3 发送响应，AWS CloudFormation 不会收到响应，堆栈操作就会失败。

可以使用等候条件和等候条件句柄让 AWS CloudFormation 暂停堆栈的创建，并在继续创建堆栈前等待一个信号。例如，在考虑完成 Amazon EC2 实例的创建前，可能需要下载和配置 Amazon EC2 实例上的应用程序。

以下列表概述了带有等候条件句柄的等候条件的工作原理：

- 跟任何其他资源一样，AWS CloudFormation 将创建等待条件。当 AWS CloudFormation 创建等待条件时，它会报告等待条件的状态为 CREATE_IN_PROGRESS，并进行等待，直到接收必要数量的成功信号或等待条件的超时周期过期为止。如果在超时周期过期前，AWS CloudFormation 接收必要数量的成功信号，那么它将继续创建堆栈；否则，它会将等待条件状态设定为 CREATE_FAILED 并回滚堆栈。

  Timeout 属性决定 AWS CloudFormation 等待必要数量的成功信号时等多久。Timeout 是一种最低时限属性，表示超时的发生时间不会早于指定的时间，但会在指定的时间后很短的时间内发生。可指定的最长时间为 43200 秒(12 小时)。

- 通常情况下，特定资源创建后，例如 Amazon EC2 实例、RDS DB 实例或自动伸缩组，你会想要等待条件立即开始。通过将 DependsOn 属性添加至等待条件，可完成上述操作。当将 DependsOn 属性添加至等待条件后，仅可在特定资源创建完成后指定创建等待条件。等待条件创建后，AWS CloudFormation 即开始超时周期，并等待成功信号。

- 还可以使用其他资源上的 DependsOn 属性。例如，创建使用数据库的 EC2 实例前，可能想要在待创建 RDS DB 实例以及 DB 实例上配置的数据库。在这种情况下，可以创建拥有指定 DB 实例的 DependsOn 属性的等待条件，此外，还可以创建拥有指定等待条件的 DependsOn 属性的 EC2 实例资源。通过上述操作可以确保 DB 实例和等待条件完成后，仅直接创建 EC2 实例。

- 将等待条件状态设置为 CREATE_COMPLETE 以继续创建堆栈前，AWS CloudFormation 必须接收针对等待条件的指定数量的成功信号。等待条件的计数属性将指定成功信号的数量。如果没有设置，默认值为 1。

- 等待条件需要等待条件句柄来设置用作信号机制的预签名 URL。通过预签名 URL，可以发送信号，而无须提供 AWS 证书。将使用预签名 URL 发送成功或失败信号，其内嵌于 JSON 语句中。

- 如果在超时周期过期前，等待条件接收了必要数量的成功信号(按照计数属性的定义)，那么 AWS CloudFormation 会将等待信号标记为 CREATE_COMPLETE，并继续创建堆栈。否则，AWS CloudFormation 将放弃等待条件，并回滚堆栈(例如，如果超时周期过期，而此时并未接收到必要数量的成功信号或者接收到失败信号)。

2) 如何在堆栈中使用等待条件

(1) 在堆栈模板中声明 AWS::CloudFormation::WaitConditionHandle 资源。等待条件句柄并无属性；但是，WaitConditionHandle 资源参考将解析用于向 WaitCondition 发送成功或失败信号的预签名 URL。例如：

```
"myWaitHandle" : {
    "Type" : "AWS::CloudFormation::WaitConditionHandle",
    "Properties" : {
    }
}
```

(2) 在堆栈模板中声明 AWS::CloudFormation::WaitCondition 资源。WaitCondition 资源具有两项必需属性：句柄为模板中已声明 WaitConditionHandle 的参考，超时为 AWS CloudFormation 等待的秒数。另外，可以选择设置计数属性，其将确定 AWS CloudFormation 重新开始创建堆栈前，等待条件必须接收的成功信号的数量。

应该在等待条件中设置 DependsOn 属性，才能在等待条件触发后进行控制操作。DependsOn 子句将资源与等待条件相关联。AWS CloudFormation 创建 DependsOn 资源后，将阻止堆栈资源的进一步创建，直至以下其中一种情况发生：

- 超时周期过期
- 接收到必要数量的成功信号
- 接收到失败信号

此处为等待条件的一个示例，其在 Ec2Instance 资源成功创建后开始。它运用 myWaitHandle 资源作为 WaitConditionHandle，超时为 4500 秒，默认计数为 1(因尚未指定计数属性)：

```
"myWaitCondition" : {
    "Type" : "AWS::CloudFormation::WaitCondition",
    "DependsOn" : "Ec2Instance",
    "Properties" : {
        "Handle" : { "Ref" : "myWaitHandle" },
        "Timeout" : "4500"
    }
}
```

(3) 获取用于发送信号的预签名 URL。在模板中，可通过将 AWS::CloudFormation::WaitConditionHandle 资源的逻辑名称传输至 Ref 内部函数，实现对预签名 URL 的检索。例如，可以使用 AWS::EC2::Instance 资源上的 UserData 属性，将预签名 URL 传输至 Amazon EC2

实例，然后这些实例上运行的脚本或应用程序会将成功或失败信号发送至 AWS CloudFormation：

```
"UserData" : {
  "Fn::Base64" : {
    "Fn::Join" : [ "", ["SignalURL=", { "Ref" : "myWaitHandle" } ] ]
  }
}
```

　　在 AWS 管理控制台或 AWS CloudFormation 命令行工具中，预签名 URL 将作为等待条件句柄资源的物理 ID 显示。

　　(4) 当堆栈进入等待条件后，选择检测方法。如果通过启用的通知创建堆栈，那么 AWS CloudFormation 将向指定主题发布针对每项堆栈事件的通知。如果你或你的应用程序订阅了该主题，那么可以监测针对等待条件句柄创建事件的通知，并通过通知消息来检索预签名 URL。

　　还可以通过 AWS 管理控制台、AWS CloudFormation 命令行工具或 AWS CloudFormation API 监测堆栈事件。

　　(5) 利用预签名 URL 发送成功或失败信号。在通过预签名 URL 发送 HTTP 请求消息之后，才能发送信号。请求方法必须为 PUT，并且内容类型标题必须为空字符串或省略。请求消息必须为等待条件发送 JSON 格式指定表单的 JSON 结构。

　　需要针对 AWS CloudFormation 按顺序发送由计数属性指定数量的成功信息，才能继续堆栈创建。如果计数超过 1，那么在发送至特定等待条件的所有信号中，每个信号的 UniqueId 值必须是唯一的。

　　curl 命令是发送信号的一种方式。以下示例显示了向等待条件发送成功信号的 curl 命令行：

```
  curl -T /tmp/a
"https://cloudformation-waitcondition-test.s3.amazonaws.com/arn%3Aaws%3Acloudforma
tion%3Aus-east-1%3A034017226601%3Astack%2Fstack-gosar-20110427004224-test-stack-wi
th-WaitCondition--VEYW%2Fe498ce60-70a1-11e0-81a7-5081d0136786%2FmyWaitConditionHan
dle?Expires=1303976584&AWSAccessKeyId=AKIAIOSFODNN7EXAMPLE&Signature=ik1twT6hpS4cg
NAw7wyOoRejVoo%3D"
```

　　其中，文件/tmp/a 含有如下 JSON 结构：

```
{
  "Status" : "SUCCESS",
```

```
    "Reason" : "Configuration Complete",
    "UniqueId" : "ID1234",
    "Data" : "Application has completed configuration."
  }
```

下面的例子显示了发送相同成功信号的 curl 命令行，它直接将 JSON 结构内容作为命令行参数：

```
  curl -X PUT -H 'Content-Type:' --data-binary '{"Status" : "SUCCESS","Reason" :
"Configuration Complete","UniqueId" : "ID1234","Data" : "Application has completed
configuration."}'
"https://cloudformation-waitcondition-test.s3.amazonaws.com/arn%3Aaws%3Acloudforma
tion%3Aus-east-1%3A034017226601%3Astack%2Fstack-gosar-20110427004224-test-stack-wi
th-WaitCondition--VEYW%2Fe498ce60-70a1-11e0-81a7-5081d0136786%2FmyWaitConditionHan
dle?Expires=1303976584&AWSAccessKeyId=AKIAIOSFODNN7EXAMPLE&Signature=ik1twT6hpS4cg
NAw7wyOoRejVoo%3D"
```

3) 等待条件发送 JSON 格式

你发送等待条件的信号时，必须使用以下 JSON 格式：

```
  {
    "Status" : "StatusValue",
    "UniqueId" : "Some UniqueId",
    "Data" : "Some Data",
    "Reason" : "Some Reason"
  }
```

其中，StatusValue 必须为以下数值之一：

● SUCCESS 表示成功信号。

● FAILURE 表示失败信号，同时触发失败等待条件，且堆栈发生回滚。

UniqueId 将识别发送至 AWS CloudFormation 的信号。如果等待条件的计数属性大于 1，那么在针对特定等待条件发送的所有信号中，UniqueId 值必须唯一；否则，AWS CloudFormation 将认定重新传输的先前已发送信号具有相同 UniqueId，它将忽略信号。

Data 为想要通过信号发送的任何信息。可以通过调用模板中的Fn::GetAtt 函数访问 Data 值。例如，如果针对等待条件 mywaitcondition 创建以下输出值，则可以使用 aws cloudformation describe-stacks 命令、DescribeStacks 操作或 CloudFormation 控制台的"Outputs(输出)"选项卡来查看通过有效信号发送至 AWS CloudFormation 的数据：

```
  "WaitConditionData" : {
          "Value" : { "Fn::GetAtt" : [ "mywaitcondition", "Data" ]},
```

```
        "Description" : "The data passed back as part of signalling the
                         WaitCondition"
    },
```

Fn::GetAtt 函数将返回 UniqueId 和 Data 作为 JSON 结构中的名称/值对。下面是已定义 WaitConditionData 输出值返回的 Data 属性的示例:

```
{"Signal1":"Application has completed configuration."}
```

Reason 为字符串,除与 JSON 格式一致外,其内容中无任何其他限制。

部署应用程序

可以使用 AWS CloudFormation 在 Amazon EC2 实例上自动安装、配置和启动应用程序。这能让你轻松复制部署和更新现有安装而无须直接连接到该实例,从而为你节省大量时间和工作量。

AWS CloudFormation 包含一组基于 cloud-init 的帮助程序脚本(即 cfn-init、cfn-signal、cfn-get-metadata 和 cfn-hup)。可从 AWS CloudFormation 模板中调用这些帮助程序脚本,在使用相同模板的 Amazon EC2 实例上安装、配置和更新应用程序。

9.6　最佳实践

最佳实践是一些建议,可帮助你在整个工作流程中更高效、更安全地使用 AWS CloudFormation。了解如何执行以下操作:计划和组织堆栈,创建描述你的资源以及在这些资源上运行的软件应用程序的模板,管理堆栈和资源。以下最佳实践基于来自当前 AWS CloudFormation 客户的实际经验。

计划和组织

- 按生命周期和所有权组织堆栈。
- 重复使用模板以在多个环境中复制堆栈。
- 验证所有资源类型的配额。
- 使用嵌套堆栈来重复使用常见模板模式。

创建模板

- 勿将证书嵌入模板。
- 使用 AWS 特定的参数类型。
- 使用参数约束。
- 使用 AWS::CloudFormation::Init 在 Amazon EC2 实例上部署软件应用程序。
- 在使用模板前验证模板。

管理堆栈

- 通过 AWS CloudFormation 管理所有堆栈资源。
- 使用堆栈策略。
- 使用 AWS CloudTrail 记录 AWS CloudFormation 调用。
- 使用代码审查和修订控制来管理模板。

参考链接：http://docs.aws.amazon.com/zh_cn/AWSCloudFormation/latest/UserGuide/best-practices.html。

9.6.1　按生命周期和所有权组织堆栈

使用 AWS 资源的生命周期和所有权帮助决定每个堆栈应包含的资源。通常，可以将所有资源置于一个堆栈中，但当堆栈的规模增大和范围扩大时，管理一个堆栈将是一项麻烦且耗时的工作。通过使用常见的生命周期和所有权对资源进行分组，所有者可使用自己的流程和计划更改其资源集而不会影响其他资源。

例如，假设开发人员和工程师团队拥有一个托管于负载均衡器后面的自动缩放实例的网站。由于该网站具有自己的生命周期并由网站团队维护，因此可以为网站及其资源创建一个堆栈。现在假设该网站仍在使用后端数据库，其中数据库位于由数据库管理员所有和维护的单独堆栈中。当网站团队或数据库团队需要更新其资源时，他们可以这样做而不会影响彼此的堆栈。如果所有资源位于一个堆栈中，协调和传达更新会很难。

有关组织堆栈的其他指导，可以使用两个常见框架：多层架构和面向服务的架构(SOA)。

分层架构将堆栈组织到相互堆放的多个水平层之上，其中每个层都依赖于其正下方的层。每个层可包含一个或多个堆栈，但在每个层中，堆栈应具有带类似的生命周期和所有权的 AWS 资源。

利用面向服务的架构，可以将大型业务问题组织到可管理的部分。每个部分均为一个服务，该服务具有清楚定义的用途并代表一个独立的功能单元。可以将这些服务映射到一个堆栈，其中每个堆栈均拥有自己的生命周期和所有者。可将所有这些服务(堆栈)关联在一起，使其能够互相交互。

9.6.2　使用 IAM 控制访问

IAM 是一项可用于管理 AWS 中的用户及其权限的 AWS 服务。可以将 IAM 与 AWS CloudFormation 结合使用，来指定用户可以执行哪些 AWS CloudFormation 操作。例如，查看堆栈模板、创建堆栈或删除堆栈。此外，管理 AWS CloudFormation 堆栈的任何人都需要对这些堆栈中的资源具有权限。例如，如果用户想使用 AWS CloudFormation 启动、更新或终止 Amazon EC2 实例，那么他们必须拥有调用相关 Amazon EC2 操作的权限。

9.6.3　验证所有资源类型的配额

在启动堆栈前，确保能创建所需的所有资源而不会达到 AWS 账户的限制。如果达到限制，AWS CloudFormation 将无法成功创建堆栈，直到增加配额或删除超额资源。每项服务均可具有不同的限制，在启动堆栈前应了解这些限制。例如，默认情况下，只能在 AWS 账户中为每个区域启动 20 个 AWS CloudFormation 堆栈。有关限制及如何增加默认限制的更多信息，请参见 "AWS 服务限制" 页面，链接为 http://docs.aws.amazon.com/general/latest/gr/aws_service_limits.html。

9.6.4　重复使用模板以在多个环境中复制堆栈

在设置堆栈和资源后，可以重复使用模板以便在多个环境中复制基础结构。例如，可以创建用于开发、测试和生产的环境，以便在应用更改前对其进行测试。要使模板可重用，可使用参数、映射和条件部分，以便能在创建堆栈时对其进行自定义。例如，对于开发环境，可以指定相对于生产环境来说成本更低的实例类型，但所有其他配置和设置保持不变。

9.6.5　使用嵌套堆栈来重复使用常见模板模式

随着基础设施的发展，常见模式可合并以便声明每个模板中的相同组件。可以分离这些常见组件并为其创建专用模板。这样一来，可以混合和匹配不同的模板，但使用嵌套堆栈来创建单个统一堆栈。嵌套堆栈是可创建其他堆栈的堆栈。要创建嵌套堆栈，可使用模板中的

AWS::CloudFormation::Stack 资源来引用其他模板。

例如，假如拥有用于大多数堆栈的负载均衡器配置。可以为负载均衡器创建专用模板，而不是将相同的配置复制并粘贴到模板中。然后，只需要使用 AWS::CloudFormation::Stack 资源从其他模板中引用该模板。如果更新负载均衡器模板，那么在更新堆栈时，引用该模板的任何堆栈将使用更新过的负载均衡器。除了简化更新之外，该方法还允许创建和维护也许专家也不一定熟悉的组件。你只需要引用其模板。

9.6.6 请勿将证书嵌入模板

在创建或更新堆栈时使用输入参数传入信息，而不是将敏感信息嵌入 AWS CloudFormation 模板。如果这样做，确保使用 NoEcho 属性来模糊参数值。

例如，假设用堆栈创建新的数据库实例。在创建数据库时，AWS CloudFormation 需要传递数据库管理员密码。可以使用输入参数传入密码，而不是将密码嵌入模板。

9.6.7 使用 AWS 特定的参数类型

如果模板需要输入现有的 AWS 特定的值(例如，现有的 Amazon Virtual Private Cloud ID 或 Amazon EC2 密钥对名称)，请使用 AWS 特定的参数类型。例如，可以将参数指定为类型 AWS::EC2::KeyPair::KeyName，这将使用位于 AWS 账户和从中创建堆栈的区域内的现有密钥对名称。在创建堆栈之前，AWS CloudFormation 可快速验证 AWS 特定的参数类型的值。此外，如果使用 AWS CloudFormation 控制台，AWS CloudFormation 会显示有效值的下拉列表，因此无须查找或记住正确的 VPC ID 或密钥对名称。

9.6.8 使用参数约束

利用约束，可以描述允许的输入值，以便 AWS CloudFormation 在创建堆栈之前捕获任何无效值。可以设置约束，例如最小长度、最大长度和允许的模式。例如，可以对数据库用户名称设置约束，使其最小长度必须为 8 个字符且仅包含字母数字字符。

9.6.9 使用 AWS::CloudFormation::Init 在 Amazon EC2 实例上部署软件应用程序

在启动堆栈时，可以在 Amazon EC2 实例上安装和配置软件应用程序,方式是使用 cfn-init

帮助程序脚本和 AWS::CloudFormation::Init 资源。通过使用 AWS::CloudFormation::Init，可以描述所需的配置而不是为程序步骤编写脚本。还可以更新配置，而无需重新创建实例。如果配置出现问题，AWS CloudFormation 会生成可用于调查问题的日志。

在你的模板中，在 AWS::CloudFormation::Init 资源中指定安装和配置状态。

9.6.10　在使用模板前验证模板

在使用模板创建或更新堆栈之前，可以先使用 AWS CloudFormation 验证模板。在 AWS CloudFormation 创建任何资源之前，验证模板可帮助捕获语法错误和一些语义错误，例如循环依赖性。如果使用 AWS CloudFormation 控制台，该控制台会在指定输入参数后自动验证模板。对于 AWS CLI 或 AWS CloudFormation API，请使用aws cloudformation validate-template (参考 http://docs.aws.amazon.com/cli/latest/reference/cloudformation/validate-template.html) 命令或 ValidateTemplate(参考 http://docs.aws.amazon.com/zh_cn/AWSCloudFormation/latest/APIReference/API_ValidateTemplate.html)操作。

9.6.11　通过 AWS CloudFormation 管理所有堆栈资源

在启动堆栈后，使用 AWS CloudFormation控制台、API或AWS CLI更新堆栈中的资源。请勿在 AWS CloudFormation 外部更新堆栈资源。这样做会使堆栈模板和堆栈资源的当前状态不匹配，从而在更新或删除堆栈时导致出现错误。

9.6.12　使用堆栈策略

堆栈策略可帮助避免对关键堆栈资源进行可能导致资源中断甚至被替换的非有意更新。堆栈策略是一个 JSON 文档，该文档描述可对指定资源执行哪些更新操作。如果想创建具有重要资源的堆栈，就要指定堆栈策略。

在堆栈更新过程中，必须显式指定要更新的受保护的资源；否则，不会更改受保护的资源。

9.6.13　使用 AWS CloudTrail 记录 AWS CloudFormation 调用

AWS CloudTrail 跟踪在 AWS 账户中发起 AWS CloudFormation API 调用的任何人。任何人使用 AWS CloudFormation API、AWS CloudFormation 控制台、后端控制台或 AWS

CloudFormation AWS CLI 命令时，都会记录 API 调用。启用日志记录并指定用于存储日志的 Amazon S3 存储桶。这样一来，如果需要，可以审核在账户中发起 AWS CloudFormation 调用的人员。

9.6.14　使用代码审查和修订控制来管理模板

堆栈模板描述了 AWS 资源的配置，例如它们的属性值。要查看更改并保留资源的准确历史记录，请使用代码审查和修订控制。这些方法可帮助跟踪不同版本模板之间的更改，以帮助跟踪对堆栈资源所做的更改。此外，通过保留历史记录，始终能将堆栈恢复为特定版本的模板。

9.7　使用 IAM 访问控制

使用 AWS Identity and Access Management(IAM)，可以创建 IAM 用户，以便控制可访问 AWS 账户中资源的对象。可以将 IAM 与 AWS CloudFormation 结合使用以控制用户使用 AWS CloudFormation 可以执行的操作。例如，是否可以查看堆栈模板、创建堆栈或删除堆栈。

除了 AWS CloudFormation 操作之外，还可以管理哪些 AWS 服务和资源对每个用户可用。这样一来，可以控制用户在使用 AWS CloudFormation 时可访问哪些资源。例如，可以指定哪些用户可以创建 Amazon EC2 实例、终止数据库实例或更新 VPC。只要这些用户使用 AWS CloudFormation 执行这些操作，这些相同的权限就会被应用。

9.7.1　AWS CloudFormation 操作和资源

在 AWS 账户中创建组或 IAM 用户时，可以将 IAM 策略与该组或该用户关联，用于指定要授予的权限。例如，假设有一个入门级开发人员组。可以创建包含所有入门级开发人员的 Junior application developers 组。然后，可以将一个只允许用户查看 AWS CloudFormation 堆栈的策略与该组关联。在这种情况下，可能有一个类似于下面示例的策略。

1. 授予查看堆栈权限的示例策略

```
{
    "Version":"2012-10-17",
    "Statement":[{
        "Effect":"Allow",
```

```
        "Action":[
            "cloudformation:DescribeStacks",
            "cloudformation:DescribeStackEvents",
            "cloudformation:DescribeStackResource",
            "cloudformation:DescribeStackResources"
        ],
        "Resource":"*"
    }]
}
```

该策略授予对描述堆栈调用的所有权限，这些调用在 Action 元素中列出。在 Resource 元素中，该策略指定了星号(*)通配符，以允许对所有 AWS CloudFormation 堆栈执行这些操作。

除了 AWS CloudFormation 操作之外，创建或删除堆栈的 IAM 用户还需要依赖于堆栈模板的其他权限。例如，如果有一个描述 Amazon SQS 队列的模板，那么用户必须具有 Amazon SQS 操作的对应权限才能成功创建堆栈，如下面的示例策略所示。

2. 授予创建和查看堆栈操作及所有 Amazon SQS 操作的示例策略

```
{
    "Version":"2012-10-17",
    "Statement":[{
        "Effect":"Allow",
        "Action":[
            "sqs:*",
            "cloudformation:CreateStack",
            "cloudformation:DescribeStacks",
            "cloudformation:DescribeStackEvents",
            "cloudformation:DescribeStackResources",
            "cloudformation:GetTemplate",
            "cloudformation:ValidateTemplate"
        ],
        "Resource":"*"
    }]
}
```

AWS CloudFormation 还支持资源级权限，因此可以指定针对特定堆栈的操作，如下述策略所示。

3. 拒绝 MyProductionStack 的删除和更新堆栈操作的示例策略

```
{
    "Version":"2012-10-17",
```

```
    "Statement":[{
       "Effect":"Deny",
       "Action":[
          "cloudformation:DeleteStack",
          "cloudformation:UpdateStack"
       ],
       "Resource":"arn:aws:cloudformation:us-east-1:123456789012:stack/
          MyProductionStack/*"
    }]
}
```

该示例策略在堆栈名称末尾使用通配符，因此拒绝对整个堆栈 ID(如 arn:aws:cloudformation:us-east-1:123456789012:stack/MyProductionStack/abc9dbf0-43c2-11e3-a6e8-50fa526be49c)和堆栈名称(如 MyProductionStack)执行删除堆栈和更新堆栈操作。

9.7.2 AWS CloudFormation 控制台特定的权限

使用 AWS CloudFormation 控制台的 IAM 用户需要在使用 AWS Command Line Interface 或 AWS CloudFormation API 时不需要的其他权限。与 CLI 和 API 比较，控制台提供了需要额外权限的其他功能，比如将模板上传到 AWS 特定的参数类型的 Amazon S3 存储桶和下拉列表。

对于所有以下操作，授予对所有资源的权限；不限制对特定堆栈或存储桶的操作。

以下必需操作仅由 AWS CloudFormation 控制台使用，未记录在 API 参考中。该操作允许用户将模板上传到 Amazon S3 存储桶。

```
cloudformation:CreateUploadBucket
```

当用户上传模板时，他们需要以下 Amazon S3 权限：

```
s3:PutObject
s3:ListBucket
s3:GetObject
s3:CreateBucket
```

对于具有 AWS 特定的参数类型的模板，用户需要进行对应的描述 API 调用的权限。例如，如果模板包含 AWS::EC2::KeyPair::KeyName 参数类型，用户需要调用 EC2DescribeKeyPairs 操作的权限，该操作是控制台获取参数下拉列表的值的方法。以下示例是其他参数类型必需的操作：

```
ec2:DescribeSecurityGroups (用于 AWS::EC2::SecurityGroup::Id 参数类型)
```

```
ec2:DescribeSubnets (用于 Subnet::Id 参数类型)
ec2:DescribeVpcs (用于 AWS::EC2::VPC::Id 参数类型)
```

9.7.3　AWS CloudFormation 条件

在 IAM 策略中，可以指定控制策略何时生效的条件。在 IAM 策略中，用户可以指定控制策略何时生效的条件。AWS CloudFormation 可以不附加生效策略。但是同时，可以添加所需的策略，如 DateLessThan，该策略指定停止生效的时间。

> 请勿使用 aws:SourceIp 条件。AWS CloudFormation 通过使用自身的 IP 地址(而不是原始请求的 IP 地址)来配置资源。举例来说，在创建堆栈时，AWS CloudFormation 会从其 IP 地址发出启动 Amazon EC2 实例或创建 Amazon S3 存储桶的请求，而不是从 CreateStack 调用或 aws cloudformation create-stack 命令中的 IP 地址发出请求。

9.7.4　确认 AWS CloudFormation 模板中的 IAM 资源

在创建堆栈之前，AWS CloudFormation 会验证模板的有效性。验证期间，AWS CloudFormation 还会检查模板是否具有你应了解的 AWS 资源。目前，AWS CloudFormation 仅检查模板中的 IAM 资源。建议检查与每个 IAM 资源关联的权限。IAM 资源(如具有完全访问权限的 IAM 用户)可以访问和修改 AWS 账户中的任何资源。为确保已检查所有 IAM 资源，必须在 AWS CloudFormation 创建堆栈前确认模板创建这些资源。

可以使用 AWS AWS CloudFormation 控制台、命令行或 API 确认 AWS CloudFormation 模板的功能。

- 在 AWS CloudFormation 控制台中，选择"Create Stack"(创建堆栈)或"Update Stack"(更新堆栈)向导的 Specify Parameters(指定参数)页面上的"I acknowledge that this template may create IAM resources"(我确认此模板可以创建 IAM 资源)选项。
- 对于 AWS Command Line Interface，在使用 aws cloudformation create-stack 和 aws cloudformation update-stack 命令时，请为--capabilities 参数指定 CAPABILITY_IAM 值。
- 对于 API，在使用 CreateStack 和 UpdateStack 操作时指定 Capabilities.member.1= CAPABILITY_IAM。

9.7.5 管理 Amazon EC2 实例上运行的应用程序的证书

如果有应用程序在 Amazon EC2 实例上运行，并且需要向 AWS 资源(如 Amazon S3 存储桶或 DynamoDB 表)发出请求，那么应用程序会要求提供 AWS 安全证书。但是，在启动的每个实例中分配并嵌入长期安全证书非常困难，而且存在潜在安全风险。建议创建在启动 Amazon EC2 实例时与该实例关联的 IAM 角色，而不是使用长期凭证，如 IAM 用户凭证。然后，应用程序可以从 Amazon EC2 实例获取临时安全证书。不必在实例上嵌入长期证书。此外，为简化证书管理工作，可以为多个 Amazon EC2 实例指定一个角色；不必为每个实例创建唯一证书。

 注意

使用临时安全证书的实例上的应用程序可以调用任何 AWS CloudFormation 操作。然而，因为 AWS CloudFormation 与很多其他 AWS 服务交互，所以必须确定要使用的所有服务都支持临时安全证书。更多信息，请参阅"支持 AWS STS 的 AWS 服务"(链接为 http://docs.aws.amazon.com/zh_cn/IAM/latest/UserGuide/reference_aws-services-that-work-with- iam.html)。

9.7.6 授予临时访问权限(联合访问)

在某些情况下，可能希望授予没有 AWS 证书的用户对 AWS 账户的临时访问权限。可以使用 AWS Security Token Service(AWS STS)，而不必在每次授予临时访问权限时创建和删除长期证书。例如，可以使用 IAM 角色。通过 IAM 角色，可以通过编程方式创建并分配很多临时安全证书(包括访问密钥、私有访问密钥和安全令牌)。这些证书的有效期有限，过期后不能用于访问 AWS 账户。还可以创建多个 IAM 角色以授予各个用户不同级别的权限。IAM 角色对于像联合身份和单一登录这种情况十分有用。

联合身份是可以跨多个系统使用的独特身份。对于已建立本地身份系统(如 LDAP 或 Active Directory)的企业用户，可以使用本地身份系统处理所有身份验证。在对用户进行身份验证后，可从相应的 IAM 用户或角色获取到临时安全证书。举例来说，可以创建 administrators 和 developers 角色，其中，administrators 角色对 AWS 账户拥有完全访问权限，而 developers 角色只拥有使用 AWS CloudFormation 堆栈的权限。经过身份验证后，管理员有权获取 administrators 角色的临时安全证书，而开发人员只能获取 developers 角色的临时安全证书。

还可以授予联合用户对 AWS 管理控制台的访问权限。使用本地身份系统对用户进行身份验证后，可以通过编程构造一个临时 URL 以提供对 AWS 管理控制台的直接访问。用户使用临时 URL 时无须登录 AWS，因为已经过身份验证(单一登录)。此外，因为 URL 是从用户的临时安全证书构造的，所以通过这些证书提供的权限可确定用户在 AWS 管理控制台中拥有的权限。

可以使用多种不同的 AWS STS API 生成临时安全证书。

 在使用从 GetFederationToken API 生成的临时安全证书时，无法使用 IAM。相反，如果需要使用 IAM，请使用来自角色的临时安全证书。

AWS CloudFormation 与许多其他 AWS 服务交互。将临时安全证书用于 AWS CloudFormation 时，请确认要使用的所有服务都支持临时安全证书。

第10章 Amazon Kinesis

10.1　Amazon Kinesis 介绍

　　Amazon Kinesis 可让您轻松收集、处理和分析实时流数据，以便您及时获得见解并对新信息快速做出响应。Amazon Kinesis 提供多种核心功能，可以经济高效地处理任意规模的流数据，同时具有很高的灵活性，让您可以选择最符合应用程序需求的工具。借助 Amazon Kinesis，您可以获取实时数据(例如视频、音频、应用程序日志、网站点击流)以及关于机器学习、分析和其他应用程序的 IoT 遥测数据。借助 Amazon Kinesis，您可以即刻对收到的数据进行处理和分析，并做出响应，不用等到收集完全部数据后才开始进行处理。还可以将数据从 Amazon Kinesis 发送到 AWS 服务，如 Amazon S3、Amazon Redshift、Amazon Elastic Map Reduce(Amazon EMR)和 AWS Lambda。

10.2　Amazon Kinesis 的优势

1. 实时

Amazon Kinesis 可以进行实时数据处理。利用 Amazon Kinesis，可以在数据生成时连续收集数据，并对业务和运营关键信息及时做出反应。

2. 易于使用

可以在几秒钟内创建一个 Amazon Kinesis 数据流。凭借 Amazon Kinesis Producer Library(KPL)和KCL，可以轻松地将数据放到 Amazon Kinesis 数据流中并构建用于数据处理的 Amazon Kinesis Applications。

3. 并行处理

Amazon Kinesis 可让你用多个Amazon Kinesis 应用程序同时处理同一个数据流。例如，可以让一个应用程序运行实时分析，让其他应用程序从同一个 Amazon Kinesis 数据流中将数据发送至Amazon S3。

4. 灵活应变

Amazon Kinesis 数据流的吞吐量每小时可从数 MB 扩展到数 TB，PUT 记录每秒钟可从数千次扩展到数百万次。可以随时根据输入数据量动态调节数据流的吞吐量。

5. 成本低廉

Amazon Kinesis 没有前期成本，只需为使用的资源付费。每小时只需 0.015 美元，就可以拥有一个导入速度为 1MB/s、导出速度为 2MB/s 的 Amazon Kinesis 数据流。

6. 可靠

Amazon Kinesis 可在一个 AWS 区域的三个设施间同步复制流数据，并将数据保留 24 小时，以防数据在应用程序故障、个别机器故障或设施故障时丢失。

10.3　Amazon Kinesis 的使用场景

1. 日志和事件数据收集

Amazon Kinesis 可用于从服务器、桌面和移动设备等来源收集日志和事件数据。然后，可以构建Amazon Kinesis 应用程序连续处理数据、生成指标、带动实时控制面板，将聚合数据发送到Amazon S3等存储对象中。

2. 应用程序和服务警报

Amazon Kinesis 可连续接收应用程序或服务生成的大容量日志。然后，可以构建Amazon Kinesis 应用程序实时分析日志并在发生例外情况时触发警报。

3. 实时分析

可以让Amazon Kinesis 应用程序对高频率事件数据执行实时分析，如 Amazon Kinesis 收集的传感器数据，从而使你能够以几分钟而不是几小时或几天的频率获取对数据的见解。

4. 移动数据捕获

可以让移动应用程序通过数十万台设备将数据推送到 Amazon Kinesis 中，从而使数据在移动设备上生成后就能供你使用。

5. 社交数据管道

Amazon Kinesis 可用作"管道"以摄入 Twitter 数据流等大量社交媒体数据。然后，可以构建Amazon Kinesis 应用程序以可靠读取和处理 Amazon Kinesis 数据流中的社交数据。

6. 游戏数据源

Amazon Kinesis 可用于连续收集玩家与游戏互动方面的数据，并将数据传入游戏平台。利用 Amazon Kinesis，可以设计一款能根据玩家操作和行为来提供参与和动态体验的游戏。

10.4　Amazon Kinesis 的概念

10.4.1　主要概念

在开始使用 Amazon Kinesis 时，先了解、熟悉其架构和相关术语。

1. Amazon Kinesis 高级别架构

图 10-1 所示为 Amazon Kinesis 的高级别架构。创建器(Producers)会持续将数据推送到 Amazon Kinesis，并且使用器可实时处理数据。使用器(Consumers)可使用 AWS 服务(例如 Amazon DynamoDB、Amazon Redshift 或 Amazon S3)来存储其结果。

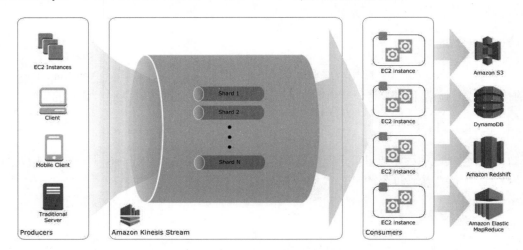

图 10-1　Amazon Kinesis 的高级别架构

2. Amazon Kinesis 的相关术语

1) Amazon Kinesis Stream

Amazon Kinesis Stream 是数据记录的有序序列。流中的每条记录均有一个由 Amazon Kinesis 分配的序列号。流中的数据记录将分发到分片中。

2) 数据记录

数据记录是存储在Amazon Kinesis Stream中的数据单位。数据记录由序列号、分区键和数据 Blob 组成，后者是不可变的字节序列。Amazon Kinesis 不以任何方式检查、解释或更改

Blob 中的数据。数据 Blob 最多可以是 1MB。

3) 创建器

创建器会将记录放入 Amazon Kinesis Stream。例如，将日志数据发送到流的 Web 服务器。

4) 使用器

使用器从 Amazon Kinesis Stream 获取数据并对数据进行处理。这些使用器称为Amazon Kinesis Application。

5) Amazon Kinesis Application

Amazon Kinesis Application 通常在 EC2 实例队列上运行的 Amazon Kinesis Stream 的使用器。

可以使用 Amazon Kinesis Client Library 或 Amazon Kinesis API 开发 Amazon Kinesis Application。

Amazon Kinesis Application 的输出可能是另一个 Amazon Kinesis Stream 的输入，这使你能够实时创建处理数据的复杂拓扑。应用程序也可将数据发送到各种其他 AWS 服务。一个流可以有多个应用程序，每个应用程序可同时单独使用流中的数据。

6) 分片

分片是 Amazon Kinesis Stream 中数据记录的唯一标识组。一个流由多个分片组成，每个分片提供一个固定的容量单位。每个分片均可支持最多每秒 5 个读取事务，最多可获得总数据读取速率为 2MB/s；最多每秒写入 1000 条记录，最多可获得总数据写入速率为 1MB/s(包括分区键)。流的数据容量是为流指定的分片数的函数。流的总容量是其分片容量的总和。

如果数据速率增加，只需添加更多分片即可增大流的大小。同样，如果数据速率降低，可删除分片。但请注意，需要按分片付费。

7) 分区键

分区键用于按分片对流中的数据进行分组。Amazon Kinesis 使用与每条数据记录关联的分区键将属于流的数据记录分为多个分片，以便确定给定的数据记录所属的分片。分区键是最大长度限制为 256 个字节的 Unicode 字符串。MD5 哈希函数用于将分区键映射到 128 位整数值并将关联的数据记录映射到分片。分区键由将数据放入流的应用程序指定。

8) 序列号

每条数据记录都有一个唯一的序列号。在使用 client.putRecords 或 client.putRecord 对流进行写入后，Amazon Kinesis 将分配序列号。同一分区键的序列号通常会随时间的变化增加；写入请求之间的时间段越长，序列号越大。

> 序列号不能用作相同流中数据集的索引。为了在逻辑上分隔数据集，请使用分区键或为每个数据集创建单独的流。

9) Amazon Kinesis Client Library

应用程序使用 Amazon Kinesis Client Library，保证可以从 Amazon Kinesis stream 高可靠地读取数据。Amazon Kinesis Client Library 确保每个分片有一个用于运行和处理它的记录处理器，它还可以简化 Amazon Kinesis Stream 中的数据读取。Amazon Kinesis Client Library 使用 Amazon DynamoDB 表存储控制数据，它会为每个正在处理数据的应用程序创建一个表。

10) Application Name

它是 Amazon Kinesis Application 的名称标识应用程序。每个应用程序必须有一个唯一的名称，其范围限定于该应用程序使用的 AWS 账户和区域。此名称用作 Amazon DynamoDB 中的控制表名称和 Amazon CloudWatch 指标的命名空间。

10.4.2 Streams 技术

Amazon Kinesis 实时吸收大量数据、持久存储数据并使这些数据可供使用。Amazon Kinesis 存储的数据单位是数据记录。流表示数据记录的有序序列。流中的数据记录将被分发到分片中。

分片是流中的数据记录组。在创建流时，将指定流的分片数。每个分片均可支持最多每秒 5 个读取事务，最多可达到的最大总数据读取速率为 2MB/s；最多每秒写入 1000 条记录，最多可达到的最大总数据写入速率为 1MB/s(包括分区键)。流的总容量是其分片容量的总和。可以根据需要增加或减少流中的分片数。但请注意，需要按分片付费。

创建器将数据记录放入分片，使用器从分片中获取数据。

1. 确定 Amazon Kinesis Stream 的初始大小

在创建流之前，需要确定流的初始大小。在创建流后并且有 Amazon Kinesis Application 使用流中数据的情况下，可以动态调整流的大小或添加和删除分片。

要确定流的初始大小，需要以下输入值：

- 写入流的数据记录的平均大小(以 KB 为单位，四舍五入为 1KB)和数据大小(average_data_size_in_KB)。
- 每秒写入流和从流读取的数据记录数(records_per_second)。

- 同时单独使用流中数据的 Amazon Kinesis Application 的数量，即使用器的数目 (number_of_consumers)。
- 用 KB 表示的传入写入带宽(incoming_write_bandwidth_in_KB)，该带宽等于 average_data_size_in_KB 和 records_per_second 的积。
- 用 KB 表示的传出读取带宽(outgoing_read_bandwidth_in_KB)，该带宽等于 incoming_write_bandwidth_in_KB 和 number_of_consumers 的积。

可以使用以下公式的输入值计算流所需的分片的初始数目(number_of_shards)：

```
number_of_shards = max(incoming_write_bandwidth_in_KB/1000, outgoing_read_bandwidth_in_KB/2000)
```

2. 创建 Amazon Kinesis Stream

可以使用 Amazon Kinesis 控制台、Amazon Kinesis API 或 AWS CLI 创建流。

1) 使用控制台创建流

(1) 通过以下网址打开 Amazon Kinesis 控制台：https://console.aws. amazon.com/kinesis/。

(2) 在导航栏，展开区域选择器并选择一个区域。

(3) 单击"Create Stream"(创建流)选项。

(4) 在"Create Stream"页面上，输入流名称和所需分片数，然后单击 Create。

(5) 在"Stream List"页面上，在创建流的过程中，其 Status 为 CREATING。当流可以使用时，其 Status 会更改为 ACTIVE。

(6) 单击流的名称。Stream Details(流详细信息)页面显示了流配置摘要及监控信息。

2) 使用 Amazon Kinesis API 创建流

有关使用 Amazon Kinesis API 创建流的信息，请参阅"创建流"页面，链接为 http://docs.aws.amazon.com/zh_cn/kinesis/latest/dev/kinesis-using-sdk-java-create-stream.html。

3) 使用 AWS CLI 创建流

有关使用 AWS CLI 创建流的信息，请参阅create-stream命令，链接为 http://docs.aws. amazon.com/cli/latest/reference/kinesis/create-stream.html。

10.4.3　创建器

创建器会将数据记录放入 Amazon Kinesis Stream。例如，将日志数据发送至 Amazon Kinesis Stream 的 Web 服务器。使用器处理流中的数据记录。

数据记录仅可在其添加到流的 24 小时内访问。

要将数据放入流，必须指定流的名称、分区键和要添加到流的数据 Blob。分区键用来确定数据记录将添加到流中的哪个分片。

分片中的所有数据将被发送至正在处理分片的同一个工作程序。使用哪个分区键取决于应用程序逻辑。通常，分区键的数量应比分片的数量多得多。这是因为分区键用来确定如何将数据记录映射到特定分片。如果有足够的分区键，数据可以在流中的分片间均匀分布。

10.4.4　使用器

使用器从 Amazon Kinesis Stream 获取数据并对数据进行处理，称为 Amazon Kinesis Application 的使用器处理流中的数据记录。

数据记录仅可在其添加到流的 24 小时内访问。

每个使用器使用分片迭代器从特定分片进行读取。分片迭代器表示使用器将从中读取的流中的位置。当使用器开始从流中进行读取及更改从流中读取的位置时，将获得一个分片迭代器。当使用器执行读取操作时，它将收到一批基于由分片迭代器指定位置的数据记录。

每个使用器必须有一个唯一的名称，其范围限定于应用程序使用的 AWS 账户和区域。此名称用作 Amazon DynamoDB 中的控制表名称和 Amazon CloudWatch 指标的命名空间。在应用程序启动时，它将创建一个 Amazon DynamoDB 表来存储应用程序状态。连接到指定的流，然后开始使用流中的数据。可以使用 CloudWatch 控制台查看 Amazon Kinesis 指标。

可以通过将使用器添加到 AMI 来将其部署到 EC2 实例。可以通过在自动伸缩组下的多个 EC2 实例上运行使用器来扩展它。使用自动伸缩组可帮助在 EC2 实例发生故障时自动启动新的实例，还可以在应用程序上的负载随着时间的推移发生更改时弹性扩展实例数。自动伸缩组可确保特定数目的 EC2 实例始终运行。要在自动伸缩组中触发扩展事件，可以指定指标(例如 CPU 和内存使用率)来扩大或缩小处理流中数据的 EC2 实例数目。

可以使用 KCL 按 EC2 实例队列上运行的工作程序队列简化流的并行处理。KCL 简化了用于从流的分片中读取的代码的编写并确保为流中的每个分片分配一个工作程序。KCL 还通过提供检查点功能提供容错帮助。开始使用 KCL 的最佳方式是查看使用 Amazon Kinesis Client Library 开发 Amazon Kinesis 使用器(http://docs.aws.amazon.com/zh_cn/kinesis/latest/dev/ developing-consumers-with-kcl.html)中的示例。

10.5　Amazon Kinesis 入门

本节中的模块旨在帮助你开始使用 Amazon Kinesis。

10.5.1　设置

1. 注册 AWS

注册 AWS 时，你的 AWS 账户会自动注册 AWS 中的所有服务，包括 Amazon Kinesis。只需为使用的服务付费。

如果已有一个 AWS 账户，请跳到下一个任务。如果还没有 AWS 账户，请使用以下步骤创建：

(1) 打开http://aws.amazon.com/或http://www.amazonaws.cn/(中国区)网页，然后单击 "Sign Up"(注册)按钮。

(2) 按照屏幕上的说明进行操作。

作为注册流程的一部分，你会收到一个电话，需要你使用电话键盘输入 PIN 码。

2. 下载库和工具

以下库和工具可以帮助你使用 Amazon Kinesis：

- Amazon Kinesis API Reference是 Amazon Kinesis 支持的一组基本操作。
- 适用于Java、JavaScript、.NET、Node.js、PHP、Python和Ruby的 AWS 开发工具包，包括 Amazon Kinesis 支持和示例。
- 如果 AWS SDK for Java 版本不包括 Amazon Kinesis 示例，还可以从GitHub下载它们。
- KCL 提供了一个易于使用的编程模型来处理数据。KCL 可帮助快速开始使用 Amazon Kinesis。KCL 可用于 Java、Python 和 Ruby：
  - ➢ Amazon Kinesis Client Library(Java)
  - ➢ Amazon Kinesis Client Library(Python)
  - ➢ Amazon Kinesis Client Library(Ruby)

参考链接 http://docs.aws.amazon.com/zh_cn/kinesis/latest/dev/developing-consumers- with-kcl.html。

- AWS Command Line Interface 支持 Amazon Kinesis。利用 AWS CLI，可以从命令行管理多个 AWS 服务并通过脚本自动执行这些服务。

- Amazon Kinesis Connector Library 可帮助将 Amazon Kinesis 与其他 AWS 服务集成。例如，可以将 Amazon Kinesis Connector Library 与 KCL 结合使用，以便将数据可靠地从 Amazon Kinesis 移到 Amazon DynamoDB、Amazon Redshift 和 Amazon S3。

3. 配置开发环境

要使用 KCL，请确保 Java 开发环境符合以下要求：

- Java 1.7(Java SE 7 JDK)或更高版本。可以从 Oracle 网站的Java SE 下载页面下载最新的 Java 软件。
- Apache Commons 程序包(如代码、HTTP 客户端和日志记录)。
- Jackson JSON 处理器。

> AWS SDK for Java 将 Apache Commons 和 Jackson 包含在第三方文件夹中。但是,适用于 Java 的开发工具包适用于 Java 1.6,而 Amazon Kinesis Client Library 需要 Java 1.7。

10.5.2 基本操作

1. 安装和配置 AWS CLI

1) 安装 AWS CLI

本节介绍如何安装适用于 Windows 以及适用于 Linux、OS X 和 Unix 操作系统的 AWS CLI。参考 AWS 命令行界面网址http://aws.amazon.com/cn/cli/。

对于 Windows：

① 下载相应的 MSI 安装程序。

- 下载适用于 Windows(64 位)的 AWS CLI MSI 安装程序。

- 下载适用于 Windows(32 位)的 AWS CLI MSI 安装程序。

② 运行下载的 MSI 安装程序。

③ 按显示的说明执行操作。

对于 Linux、OS X 和 Unix：

这些步骤需要 Python 2.6.3 或更高版本。请参阅"AWS Command Line Interface 用户指南"页面上的完整安装说明，链接为 http://docs.aws.amazon.com/zh_cn/cli/latest/userguide/installing. html。

① 从 Pip 网站下载并运行安装脚本：

```
curl "https://bootstrap.pypa.io/get-pip.py" -o "get-pip.py"
sudo python get-pip.py
```

② 使用 Pip 安装 AWS CLI：

```
sudo pip install awscli
```

使用以下命令列出可用的选项和服务：

```
aws help
```

由于将要使用 Amazon Kinesis 服务，因此可以使用以下命令审查与 Amazon Kinesis 相关的 AWS CLI 子命令：

```
aws kinesis help
```

此命令将生成包含可用 Amazon Kinesis 命令的输出：

```
AVAILABLE COMMANDS

        o add-tags-to-stream

        o create-stream

        o delete-stream

        o describe-stream

        o get-records

        o get-shard-iterator
```

```
o  help

o  list-streams

o  list-tags-for-stream

o  merge-shards

o  put-record

o  put-records

o  remove-tags-from-stream

o  split-shard

o  wait
```

此命令列表与 Amazon Kinesis 服务 API 参考中记录的 Amazon Kinesis API 对应。例如，create-stream 命令与 CreateStream API 操作对应。

AWS CLI 现已成功安装，但未配置。

2) 配置 AWS CLI

对于一般用途，aws configure 命令是设置 AWS CLI 安装的最快方法。如果首选项不更改，将是一次性设置，因为 AWS CLI 会在不同会话之间记住你的设置。

```
aws configure
AWS Access Key ID [None]: AK***************LE
AWS Secret Access Key [None]: wJalr********************LEKEY
Default region name [None]: us-west-2
Default output format [None]: json
```

AWS CLI 将提示 4 种信息。AWS 访问密钥 ID 和 AWS 秘密密钥是账户凭证。

默认区域是希望默认对其进行调用的区域的名称。通常是离你最近的区域，但可以是任意区域。

注意

使用 AWS CLI 时必须指定 AWS 区域。

默认输出格式可以是 JSON、文本或表。如果不指定输出格式，将使用 JSON。

2. 执行基本流操作

本节介绍如何通过 AWS CLI 从命令行对 Amazon Kinesis 流进行基本使用。

 在创建流后，将象征性地向账户收取 Amazon Kinesis 使用费，因为 Amazon Kinesis 没有获得 AWS 免费套餐的资格。当完成本教程时，请删除 AWS 资源以停止产生费用。

步骤 1：创建流

第一步是创建一个流并验证它是否已创建成功。使用以下命令创建一个名为"Foo"的流：

```
aws kinesis create-stream --stream-name Foo --shard-count 1
```

参数--shard-count 是必需的，并且在本教程的这一部分，将在流中使用一个分片。接下来，发出以下命令以检查流的创建进度：

```
aws kinesis describe-stream --stream-name Foo
```

你应获得类似于以下示例的输出：

```
{
    "StreamDescription": {
        "StreamStatus": "CREATING",
        "StreamName": "Foo",
        "StreamARN": "arn:aws:kinesis:us-west-2:<account i.d.>:stream/Foo",
        "Shards": []
    }
}
```

在此例中，流的状态为 CREATING，这表示它还未完全做好使用准备。几分钟后再次检查，你应看到类似于以下示例的输出：

```
{
    "StreamDescription": {
        "StreamStatus": "ACTIVE",
        "StreamName": "Foo",
        "StreamARN": "arn:aws:kinesis:us-west-2:<account i.d.>:stream/Foo",
```

```
    "Shards": [
        {
            "ShardId": "shardId-000000000000",
            "HashKeyRange": {
                "EndingHashKey": "170141183460469231731687303715884105727",
                "StartingHashKey": "0"
            },
            "SequenceNumberRange": {
                "StartingSequenceNumber":
                    "49546986668313554428650745793575463946630092066798121 7794"
            }
        }
    ]
}
}
```

此输出包含在本教程中不用关注的信息。目前，需要重点关注的是"StreamStatus": "ACTIVE"(告知流已做好使用准备)和有关请求的单个分片的信息。还可以通过使用 list-streams 命令验证新流是否存在，如下所示：

```
aws kinesis list-streams
```

输出：

```
{
    "StreamNames": [
        "Foo"
    ]
}
```

步骤 2：放置记录

既然已经拥有活动的流，那么便已做好放置一些数据的准备。在本教程中，将使用最简单的命令 put-record，该命令会将一条包含文本"testdata"的数据记录放入流中：

```
aws kinesis put-record --stream-name Foo --partition-key 123 --data testdata
```

如果成功，此命令将生成类似于以下示例的输出：

```
{
    "ShardId": "shardId-000000000000",
    "SequenceNumber": "49546986668313554428650745793632162567570019247115 6785154"
}
```

恭喜，刚刚已将数据添加到流！接下来将了解如何从流中获取数据。

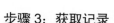

步骤 3：获取记录

需要先为感兴趣的分片获取分片迭代器，然后才能从流中获取数据。分片迭代器表示使用器(在本例中为 get-record 命令)要从中读取数据的流和分片的位置。将使用 get-shard-iterator 命令，如下所示：

```
aws kinesis get-shard-iterator --shard-id shardId-000000000000 --shard-iterator-type
TRIM_HORIZON --stream-name Foo
```

请记住，aws kinesis 命令的后面有一个 Amazon Kinesis API。因此，如果对显示的任何参数感兴趣，都可以在 GetShardIterator API 参考主题中阅读有关它们的信息。执行成功后将产生与以下示例类似的输出(水平滚动可查看完整输出)：

```
{
    "ShardIterator":
"AAAAAAAAAAHSywljv0zEgPX4NyKdZ5wryMzP9yALs8NeKbUjp1IxtZs1Sp+KEd9I6AJ9ZG41NR1EMi+9M
d/nHvtLyxpfhEzYvkTZ4D9DQVz/mBYWRO6OTZRKnW9gd+efGN2aHFdkH1rJl4BL9Wyrk+ghYG22D2T1Da2
EyNSH1+LAbK33gQweTJADBdyMwlo5r6PqcP2dzhg="
}
```

看起来像随机字符的长字符串就是分片迭代器(你的字符串将与此不同)。需要将分片迭代器复制/粘贴到接下来显示的 get 命令中。分片迭代器的有效生命周期为 300 秒，应该足以让你将分片迭代器复制/粘贴到下一个命令中。请注意，在将分片迭代器粘贴到下一个命令之前，需要从中删除所有换行符。如果收到分片迭代器不再有效的错误消息，只需再次执行 get-shard-iterator 命令。

get-records 命令从流中获取数据，并解析为对 Amazon Kinesis API 中 GetRecords 的调用。从分片迭代器指定的分片位置开始按顺序读取数据记录。如果迭代器所指向分片的部分没有可用的记录，GetRecords 将返回空白列表。请注意，可能需要进行多次调用才能到达分片中包含记录的部分。

在以下 get-records 命令示例中(水平滚动可查看完整命令)：

```
aws kinesis get-records --shard-iterator
AAAAAAAAAAHSywljv0zEgPX4NyKdZ5wryMzP9yALs8NeKbUjp1IxtZs1Sp+KEd9I6AJ9ZG41NR1EMi+9Md
/nHvtLyxpfhEzYvkTZ4D9DQVz/mBYWRO6OTZRKnW9gd+efGN2aHFdkH1rJl4BL9Wyrk+ghYG22D2T1Da2E
yNSH1+LAbK33gQweTJADBdyMwlo5r6PqcP2dzhg=
```

如果是从 Unix 类型的命令处理器(如 bash)运行本教程，则可以使用嵌套命令自动执行分片迭代器的获取，如下所示：

```
    SHARD_ITERATOR=$(aws kinesis get-shard-iterator --shard-id shardId-000000000000
--shard-iterator-type TRIM_HORIZON --stream-name Foo --query 'ShardIterator')

    aws kinesis get-records --shard-iterator $SHARD_ITERATOR
```

get-records 命令的成功结果将是从获取分片迭代器时所指定分片的流中请求记录,如以下示例所示(水平滚动可查看完整输出):

```
    "Records":[ {
      "Data":"dGVzdGRhdGE=",
      "PartitionKey":"Batch-SagbXhGLwl",
      "SequenceNumber":"49544985256907370027570885864065577703022652638596431874"
    } ],
    "MillisBehindLatest":24000,

"NextShardIterator":"AAAAAAAAAAEDOW3ugseWPE4503kqN1yN1UaodY8unE0sYslMUmC6lX9hlig5+
t4RtZM0/tALfiI4QGjunVgJvQsjxjh2aLyxaAaPr+LaoENQ7eVs4EdYXgKyThTZGPcca2fVXYJWL3yafv9
dsDwsYVedI66dbMZFC8rPMWc797zxQkv4pSKvPOZvrUIudb8UkH3VMzx58Is="
    }
```

请注意,get-records 在上面被描述为请求,这意味着即使流中有记录,可能也会收到零个或零个以上的记录,并且任何返回的记录都无法表示当前流中的所有记录。这是完全正常的,并且生产代码只会以适当的时间间隔轮询流中的记录(轮询速度因特定应用程序的设计要求而异)。

在本教程的这一部分,你可能首先注意到的事情是:数据似乎是乱码;它们不是我们发送的明文"testdata"。这归因于 put-record 使用 Base64 编码支持发送二进制数据的方式。但是,AWS CLI 中的 Amazon Kinesis 未提供 Base64 解码,因为对打印为 stdout 的原始二进制内容的 Base64 解码,在某些平台和终端上可能会导致非预期的行为和潜在的安全问题。如果使用 Base64 解码程序(例如,https://www.base64decode.org/)对 dGVzdGRhdGE=进行手动解码,将看到它实际上是"testdata"。这对本教程来说已足够,在实践中,AWS CLI 很少用于操作数据,更多时候是用于监控流的状态和获取信息,如前面所示(describe-stream 和 list-streams)。后续教程将向你展示如何使用 Amazon Kinesis 客户端库(KCL)构建生产质量的使用器应用程序,KCL 将会为你处理 Base64 解码。

get-records 并非总是返回在流/分片中指定的所有记录。当出现这种情况时,请使用最后一个结果中的 NextShardIterator 以获取下一组记录。因此,如果更多数据正在被放入流中(正常情况下是在生产应用程序中),那么每次都可以使用 get-records 持续轮询数据。但是,如果在 300 秒的分片迭代器生命周期内未使用下一个分片迭代器调用 get-records,则会收到一条错误消息，并且需要使用 get-shard-iterator 命令来获取新的分片迭代器。

此输出中还提供了 MillisBehindLatest，它是从流的末端响应GetRecords操作的毫秒数，指示使用者落后当前时间多久。零值指示正进行记录处理，此时没有新的记录要处理。在本教程中，如果一边阅读教程一边操作，则可能会看到这个数值非常大。这不是问题，数据记录将会在流中保留 24 小时以等待进行检索。

> 一个成功的 get-records 结果总是有一个 NextShardIterator，即使目前流中没有更多记录。这是一个假定创建器在任何给定时间内正在将更多记录放入流中的轮询模型。虽然可编写自己的轮询例程，如果使用之前提到的 KCL 开发使用者应用程序，系统将会为你执行此轮询。

如果调用 get-records，直到正在提取的流和分片中没有更多记录，将看到带有空白记录的输出，类似于以下示例(水平滚动可查看完整输出)：

```
{
    "Records": [],
    "NextShardIterator":
"AAAAAAAAAAGCJ5jzQNjmdhO6B/YDIDE56jmZmrmMA/r1WjoHXC/kPJXc1rckt3TFL55dENfe5meNgdkyC
RpUPGzJpMgYHaJ53C3nCAjQ6s7ZupjXeJGoUFs5oCuFwhP+Wul/EhyNeSs5DYXLSSC5XCapmCAYGFjYER6
9QSdQjxMmBPE/hiybFDi5qtkT6/PsZNz6kFoqtDk="
    }
```

步骤 4：清除

最后，如前所述，希望删除流以释放资源和避免账户产生意外费用。在实践中，每当创建了不会使用的流时，请执行此操作，因为费用是按流量计算的，而无论是否在使用流放入和获取数据。清除命令很简单：

```
aws kinesis delete-stream --stream-name Foo
```

成功之后不会生成输出，因此可能希望使用 describe-stream 来检查删除进度：

```
aws kinesis describe-stream --stream-name Foo
```

如果在执行删除命令后立即执行此命令，可能会看到类似于以下示例的输出：

```
{
```

```
    "StreamDescription": {
        "StreamStatus": "DELETING",
        "StreamName": "Foo",
        "StreamARN": "arn:aws:kinesis:us-west-2:<account i.d.>:stream/Foo",
        "Shards": []
    }
}
```

在流完全删除后，describe-stream 将生成"未找到"错误：

```
A client error (ResourceNotFoundException) occurred when calling the DescribeStream
operation:
Stream Foo under account 980530241719 not found.
```

恭喜！你已完成对使用 AWS CLI 的 Amazon Kinesis 基础知识的学习。

10.6　使用 Amazon Kinesis

10.6.1　将数据写入流

生产者是将数据写入 Amazon Kinesis 流的应用程序。本节提供有关构建 Amazon Kinesis 的生产者的信息。

1. 使用 KPL

Amazon Kinesis 创建器是指将用户数据记录放入 Amazon Kinesis Stream 中(也称为数据注入)的任何应用程序。Amazon Kinesis 创建器库简化了创建器应用程序的开发，从而允许开发人员实现到 Amazon Kinesis Stream 的高写入吞吐量。

可以利用 Amazon CloudWatch 监控 KPL。

1) KPL 的角色

KPL 是一个易于使用的、高度可配置的库，可帮助对 Amazon Kinesis Stream 进行写入。KPL 在创建器应用程序代码和 Amazon Kinesis API 操作之间充当中介。KPL 执行以下主要任务：

- 利用可配置的自动重试机制对一个或多个 Amazon Kinesis Stream 进行写入。
- 收集记录并使用 PutRecords 根据请求将多条记录写入多个分片。
- 聚合用户记录以增加负载大小并提高吞吐量。

- 与 Amazon Kinesis Client Library 无缝集成以取消聚合批记录。
- 代表你提交 Amazon CloudWatch 指标以提供创建器性能的可见性。

　注意　　KPL 与 AWS 软件开发工具包中可用的 Amazon Kinesis API 不同。Amazon Kinesis API 可以帮助管理 Amazon Kinesis 的许多方面(包括创建流、重新分片及放置并获取记录)，而 KPL 提供专用于注入数据的提取层。

2) 使用 KPL 的优势

以下列表说明了使用 KPL 开发 Amazon Kinesis 创建器的一些主要优势。

KPL 可在同步或异步使用案例中使用。除非存在使用同步操作的具体原因，否则建议你使用异步接口的较高性能。

性能优势

KPL 可以帮助构建高性能创建器。考虑以下情况：你的 Amazon EC2 实例充当代理来从数以百计或数以千计的低功率设备收集 100 个字节的事件并将记录写入 Amazon Kinesis Stream。这些 Amazon EC2 实例均需要将每秒数以千计的事件写入 Amazon Kinesis Stream。要实现所需的吞吐量，创建器必须实施复杂逻辑(例如，批处理或多线程处理)及重试逻辑并在使用器端取消记录聚合。KPL 为你执行所有这些任务。

使用器端易于使用

对于使用采用 Java 的 KCL 的使用器端开发人员来说，KPL 不用额外工作即可集成。当 KCL 检索由多条 KPL 用户记录构成的一条已聚合 Amazon Kinesis 记录时，会在将用户记录返还给用户之前自动调用 KPL 来提取这些记录。

对于未使用 KCL 而是直接使用 API 操作 GetRecords 的使用器端开发人员来说，KPL Java 库可用于在将用户记录返还给用户之前提取这些记录。

监控创建器

可以使用 Amazon CloudWatch 和 KPL 收集、监控和分析 Amazon Kinesis 创建器。KPL 代表你向 CloudWatch 发出吞吐量、错误和其他指标，并可配置为在流、分片或创建器级别进行监控。

异步架构

由于 KPL 可在将记录发送到 Amazon Kinesis 之前对其进行缓冲处理，因此它在继续执行之前不会阻断调用方应用程序以确认记录已到达服务器。用于将记录放入 KPL 中的调用始终立即返回，而不会等待发送记录或接收来自服务器的响应。相反，将创建一个 Future 对象，该对象稍后将接收向 Amazon Kinesis 发送记录的结果。这与 AWS 开发工具包中的异步调用行为相同。

3) KPL 不适合的场景

KPL 会促使(用户可配置的)库中产生最多 RecordMaxBufferedTime 的额外处理延迟。该参数的值越大，产生的包装效率和性能就越高。无法容忍此额外延迟的应用程序可能需要直接使用 AWS 开发工具包。

安装

Amazon 提供了针对 OS X、Windows 和最新 Linux 发行版的 C++ KPL 已编译二进制文件。如果使用 Maven 安装程序包，这些二进制文件将作为 Java .jar 文件的一部分打包，并将自动被调用和使用。要查找最新版的 KPL 和 KCL，请使用以下 Maven 搜索链接 https://search.maven.org/#search/ga/1/amazon-kinesis-producer。

Linux 二进制文件已采用 GCC 进行编译并已静态链接到 Linux 上的 libstdc++。这些二进制文件应适用于包含 glibc 2.5 版或更高版本的任何 64 位 Linux 发行版。

早期 Linux 发行版的用户可使用 GitHub 上与源一起提供的构建说明构建 KPL。要从 GitHub 下载 KPL，请参阅 Amazon Kinesis 创建器库(https://github.com/awslabs/amazon-kinesis-producer)。

2. 使用 API

AWS 提供丰富的 SDK 开发包，可以让用户直接向流中添加(放置)数据。现在支持 Java、.NET、Node.js、PHP、Python 和 Ruby 等。

下面以 Java 为例。

1) 使用 PutRecords 添加多条记录

PutRecords操作可在一次请求中向 Amazon Kinesis 发送多条记录。通过使用 PutRecords，创建器应用程序可在向其 Amazon Kinesis 流发送数据时实现更高的吞吐量。每 PutRecords 请求可以支持多达 500 条记录。请求中的每一条记录可以达到 1MB，整个请求的上限为 5 MB，包括分区键。与下面描述的 PutRecord 操作一样，PutRecords 将使用序列号和分区键。但是，PutRecord 参数 SequenceNumberForOrdering 未包含在 PutRecords 调用中。

PutRecords 操作将尝试按请求的自然顺序处理所有记录。

每条数据记录都有一个唯一的序列号。此序列号在调用 client.putRecords 向流添加数据记录之后由 Amazon Kinesis 分配。同一分区键的序列号通常会随时间变化增加；PutRecords 请求之间的时间段越长，序列号变得越大。

 序列号不能用作相同流中数据集的索引。为了在逻辑上分隔数据集，请使用分区键或为每个数据集创建单独的流。

PutRecords 请求的应用范围是一个流；请求可包含具有不同分区键的记录。每个请求可包含分区键和记录的任何组合，直到达到请求限制。使用许多不同的分区键对具有许多不同分片的流进行的请求一般快于使用少量分区键对少量分片进行的请求。分区键的数量应远大于分片的数量，以减少延迟并最大程度地提高吞吐量。

2）PutRecords 示例

以下代码创建 100 条使用连续分区键的数据记录并将其放入名为 DataStream 的流中：

```
AmazonKinesisClient amazonKinesisClient = new
AmazonKinesisClient(credentialsProvider);
PutRecordsRequest putRecordsRequest = new PutRecordsRequest();
putRecordsRequest.setStreamName("DataStream");
List <PutRecordsRequestEntry> putRecordsRequestEntryList = new ArrayList<>();
for (int i = 0; i < 100; i++) {
    PutRecordsRequestEntry putRecordsRequestEntry = new
        PutRecordsRequestEntry();

    putRecordsRequestEntry.setData(ByteBuffer.wrap(String.valueOf(i).getBytes()));
    putRecordsRequestEntry.setPartitionKey(String.format("partitionKey-%d", i));
    putRecordsRequestEntryList.add(putRecordsRequestEntry);
}

putRecordsRequest.setRecords(putRecordsRequestEntryList);
PutRecordsResult putRecordsResult =
    amazonKinesisClient.putRecords(putRecordsRequest);
System.out.println("Put Result" + putRecordsResult);
```

PutRecords 的返回值 PutRecordsResult 中包含 PutRecordsResultEntry 的数组。该数组中的每条记录按原来请求的顺序直接与请求数组中的记录关联。其所包含的记录数量始终与请求数组相同。

10.6.2 读取流中的数据

1. 使用 KCL

可以使用 Amazon Kinesis Client Library 开发适用于 Amazon Kinesis 的使用者应用程序。尽管可以使用 Amazon Kinesis API 从 Amazon Kinesis Stream 获取数据，但我们建议利用 KCL 提供的使用器应用程序设计模式。

可以利用 Amazon CloudWatch 监控 KCL。

1）KCL

KCL 帮助你使用和处理来自 Amazon Kinesis Stream 的数据。此类应用程序也称为使用器。KCL 负责执行与分配式计算关联的许多复杂任务，如跨多个实例进行负载均衡、响应实例故障、对已处理记录设置检查点以及对重新分片做出反应。KCL 使你能够专注于编写记录处理逻辑。

 KCL 与 AWS 软件开发工具包中提供的 Amazon Kinesis API 不同。Amazon Kinesis API 可以帮助你管理 Amazon Kinesis 的许多方面(包括创建流、重新分片及放置和获取记录)，而 KCL 提供了专门用于以使用器角色处理数据的抽象层。

KCL 是一个 Java 库，包含一个后台应用程序，以支持 Java 以外的其他语言，提供多语言界面，称为 MultiLangDaemon。此程序是基于 Java 开发的，当使用不是 Java 语言的 KCL 时，它作为后台应用程序启动。例如，如果安装了适用于 Python 的 KCL 并完全在 Python 中编写使用者应用程序，那么由于 MultiLangDaemon 后台程序，仍需要在系统中安装 Java。有关 MultiLangDaemon 的更多信息，请访问 GitHub 上的"KCL MultiLangDaemon"项目页加以查看。

在运行时，KCL 应用程序利用配置信息初始化工作程序，然后使用记录处理器处理从 Amazon Kinesis Stream 接收的数据。可以在任意数量的实例上运行 KCL 应用程序。同一个应用程序的多个实例将动态协调故障和负载均衡。还可以使用多个 KCL 应用程序处理相同的流，具体取决于吞吐量限制。

2）KCL 的角色

KCL 充当记录处理逻辑和 Amazon Kinesis 之间的中介。

启动 KCL 应用程序时，它会调用 KCL 来实例化工作程序。这一调用将为应用程序提供带配置信息的 KCL，如流名称和 AWS 凭证。

3) KCL 将执行以下任务

- 连接到流。
- 枚举分片。
- 协调与其他工作程序的分片关联(如果有的话)。
- 为其管理的每个分片实例化记录处理器。
- 从流中提取数据记录。
- 将记录推送到对应的记录处理器。
- 对已处理记录进行检查点操作。
- 在工作程序实例计数更改时均衡分片与工作程序的关联。
- 在分片被拆分或合并时均衡分片与工作程序的关联。

4) 支持的开发语言

现在支持 Java、Node.js、.NET、Python 和 Ruby。可以选择适合的工具以快速地开发出 KCL 应用。

2. 使用 API

本节中的 Java 示例代码演示如何执行基本的 Amazon Kinesis API 操作，并按照操作类型从逻辑上进行划分。这些示例并非可以直接用于生产的代码，因为它们不会检查所有可能的异常，也不会考虑到有可能的安全或性能问题。此外，可以使用其他不同的编程语言调用 Amazon Kinesis API。

1) 从流中获取数据

AmazonKinesis API 提供了用于从流检索数据的 getShardIterator 和 getRecords 方法。这些方法代表"拉取"模式，在此模式下，代码将直接从流的指定分片中获取数据。

一般来说，应该更优先选择 Amazon Kinesis Client Library 提供的记录处理器支持来检索使用器应用程序中的流数据。这种方法使用了"推送"模式，在此模式下，只需实现处理数据的代码即可。KCL 将会执行从流检索数据记录并将数据记录交付给应用程序代码的工作。此外，KCL 还提供故障转移、恢复和负载均衡功能。

但是，在某些情况下，可能倾向于将 Amazon Kinesis API 与适用于 Java 的 AWS 开发工具包结合使用。例如，在实施自定义工具以监控或调试流时。

 注意　数据记录仅可在其添加到流的 24 小时内访问。

2) 使用分片迭代器

可从流中按分片检索记录。对于每个分片以及从分片中检索的每批记录，需要获取分片迭代器。可在 getRecordsRequest 对象中使用分片迭代器来指定要从中检索记录的分片。与分片迭代器关联的类型决定了应在分片中检索记录的起点。在可以使用分片迭代器之前，需要先检索分片。使用 getShardIterator 方法获取初始分片迭代器。使用 getRecordsResult 对象(由 getRecords 方法返回)的 getNextShardIterator 方法为其他记录批次获取分片迭代器。

getShardIterator 返回的分片迭代器若不使用，会在 5 分钟后超时。

要获取初始分片迭代器，请实例化 GetShardIteratorRequest 并将其传递给 getShardIterator 方法。配置请求时，需要指定流和分片 ID。

```
String shardIterator;
GetShardIteratorRequest getShardIteratorRequest = new GetShardIteratorRequest();
getShardIteratorRequest.setStreamName(myStreamName);
getShardIteratorRequest.setShardId(shard.getShardId());
getShardIteratorRequest.setShardIteratorType("TRIM_HORIZON");

GetShardIteratorResult getShardIteratorResult =
    client.getShardIterator(getShardIteratorRequest);
shardIterator = getShardIteratorResult.getShardIterator();
```

以上示例代码将 TRIM_HORIZON 指定为获取初始分片迭代器时的迭代器类型。此迭代器类型意味着记录应从添加到分片的第一条记录，而不是从最近添加的记录(也称为顶端)开始返回。可能的迭代器类型如下：

- AT_SEQUENCE_NUMBER
- AFTER_SEQUENCE_NUMBER
- TRIM_HORIZON
- LATEST

部分迭代器类型除了需要指定类型之外，还需要指定序列号。例如：

```
getShardIteratorRequest.setShardIteratorType("AT_SEQUENCE_NUMBER");
getShardIteratorRequest.setStartingSequenceNumber(specialSequenceNumber);
```

在使用 getRecords 获取记录之后，可以通过调用记录的 getSequenceNumber 方法获取记录的序列号。

```
record.getSequenceNumber()
```

此外，将记录添加到数据流的代码可通过对 putRecord 的结果调用 getSequenceNumber 来获取已添加记录的序列号。

```
lastSequenceNumber = putRecordResult.getSequenceNumber();
```

可以使用序列号确保记录的顺序严格递增。

3) 使用 GetRecords

在获取分片迭代器之后，实例化 GetRecordsRequest 对象。使用 setShardIterator 方法为请求指定迭代器。

(可选)还可以使用 setLimit 方法设置要检索的记录的数量。getRecords 返回的记录数量始终等于或小于此限制。如果未指定此限制，getRecords 将返回 10 MB 已检索记录。以下示例代码将此限制设置为 25 条记录。

如果未返回任何记录，则意味着此分片中当前没有分片迭代器引用的序列号对应的可用数据记录。出现此情况时，应用程序应等待一定时间，但至少为 1 秒。然后尝试使用上一次 getRecords 调用返回的分片迭代器再次从分片获取数据。请注意，记录添加到流的时间与其在 getRecords 中可用的时间之间约有 3 秒的延迟。

将 getRecordsRequest 传递给 getRecords 方法，返回值为 getRecordsResult 对象。要获取数据记录，请对 getRecordsResult 对象调用 getRecords 方法。

```
GetRecordsRequest getRecordsRequest = new GetRecordsRequest();
getRecordsRequest.setShardIterator(shardIterator);
getRecordsRequest.setLimit(25);

GetRecordsResult getRecordsResult = client.getRecords(getRecordsRequest);
List<Record> records = getRecordsResult.getRecords();
```

要准备对 getRecords 的另一次调用，请通过 getRecordsResult 获取下一个分片迭代器。

```
shardIterator = getRecordsResult.getNextShardIterator();
```

为获得最佳效果，请在对 getRecords 的各次调用之间停止至少 1 秒(1000 毫秒)以免超出 getRecords 频率限制。

```
try {
  Thread.sleep(1000);
}
catch(InterruptedException e) {}
```

通常，应该循环调用 getRecords，甚至当在测试方案中检索单一记录时也是如此。对 getRecords 的单一调用可能返回空的记录列表，即使分片包含具有后续序列号的记录。出现此情况时，将返回 NextShardIterator，并且后续的 getRecords 调用最终将返回记录。

以下代码示例反映了此节中的 getRecords 顶端，包括循环发出调用：

```
// Continuously read data records from a shard
List<Record> records;

while(true) {

  // Create a new getRecordsRequest with an existing shardIterator
  // Set the maximum records to return to 25
  GetRecordsRequest getRecordsRequest = new GetRecordsRequest();
  getRecordsRequest.setShardIterator(shardIterator);
  getRecordsRequest.setLimit(25);

  GetRecordsResult result = client.getRecords(getRecordsRequest);

  // Put the result into record list. The result can be empty.
  records = result.getRecords();

  try {
    Thread.sleep(1000);
  }
  catch(InterruptedException exception) {
    throw new RuntimeException(exception);
  }

  shardIterator = result.getNextShardIterator();
}
```

如果使用的是 Amazon KCL，请注意，KCL 可能在返回数据之前发出多次调用。这是正常的，不代表 KCL 或数据存在问题。

4）适应重新分片

如果 getRecordsResult.getNextShardIterator 返回 null，就指示以下内容：出现了涉及分片的分片拆分或合并，此分片现在处于 CLOSED 状态，并且已读取此分片中的所有可用数据记录。

在此方案中，应重新枚举流中的分片以选取通过拆分或合并创建的新分片。

在拆分中，两个新分片的 parentShardId 都与之前处理的分片的分片 ID 相同。这两个分片的 adjacentParentShardId 值为 null。

在合并中，合并创建的新分片的 parentShardId 等于父分片之一的分片 ID，并且 adjacentParentShardId 等于另一个父分片的分片 ID。应用程序已读取这些分片之一的所有数据；这是 getRecordsResult. getNextShardIterator 返回 null 的分片。如果数据顺序对于应用程序很重要，那么应确保在读取合并创建的子分片中的任何新数据之前，读取另一父分片中的所有数据。

如果使用多个处理器从流检索数据，假定一个分片一个处理器，并且出现分片拆分或合并，那么应增加或减少处理器数量以适应分片数量的变化。

10.6.3 监控

可以利用以下功能监控 Amazon Kinesis Stream：

- CloudWatch 指标：Amazon Kinesis 发送与针对每个流的详细监控相关的 Amazon CloudWatch 自定义指标。
- API 日志记录：Amazon Kinesis 使用 AWS CloudTrail 记录 API 调用并将数据存储在 Amazon S3 存储桶中。
- Amazon Kinesis 客户端库：Amazon Kinesis 客户端库提供针对分片、工作程序和 KCL 应用程序的指标。
- Amazon Kinesis 生产者库：Amazon Kinesis 生产者库提供针对分片、工作程序和 KPL 应用程序的指标。

10.6.4 为流添加标签

可以以标签形式将自己的元数据分配给 Amazon Kinesis Stream。标签是为流定义的键值对。使用标签是管理 AWS 资源和组织数据(包括账单数据)的一种简单却强有力的方式。

1. 有关标签的基本知识

使用 Amazon Kinesis 控制台、AWS CLI 或 Amazon Kinesis API 可以完成以下任务：
- 向流添加标签。
- 列出流的标签。

● 从流中删除标签。

可以使用标签对流进行分类。例如，可以按用途、所有者或环境对流进行分类。因为定义了每个标签的键和值，所以可以创建一组自定义类别来满足特定需求。例如，可以定义一组标签来帮助你按拥有者和关联应用程序跟踪流。几个标签示例如下：

● 项目：项目名称。

● 所有者：名称。

● 用途：负载测试。

● 应用程序：应用程序名称。

● 环境：生产。

2. 使用标签跟踪成本

可以使用标签对 AWS 成本进行分类和跟踪。当将标签应用于 AWS 资源(包括流)时，AWS 成本分配报告将包括按标签聚合的使用率和成本。可以设置代表业务类别(例如成本中心、应用程序名称或所有者)的标签，以便整理多种服务的成本。

10.6.5 控制访问权限

使用 IAM 控制对 Amazon Kinesis 资源的访问。

使用 AWS Identity and Access Management(IAM)可以执行以下操作：

● 在 AWS 账户下创建用户和组。

● 为 AWS 账户下的每个用户分配唯一的安全证书。

● 控制每个用户使用 AWS 资源执行任务的权限。

● 允许另一个 AWS 账户的用户共享 AWS 资源。

● 创建 AWS 账户角色并定义可以担任这些角色的用户或服务。

● 借助企业的现有身份验证，授予使用 AWS 资源执行任务的权限。

通过将 IAM 与 Amazon Kinesis 配合使用，可以控制组织中的用户能否用特定的 Amazon Kinesis API 操作执行某项任务，以及他们能否使用特定的 AWS 资源。

如果使用 Amazon KCL 开发应用程序，那么策略必须包含对 Amazon DynamoDB 和 Amazon CloudWatch 的权限；KCL 使用 DynamoDB 跟踪应用程序的状态信息，并使用 CloudWatch 代表你将 KCL 指标发送到 CloudWatch。